Selenium
自动化测试之道

Ping++测试团队 编著

清华大学出版社
北 京

内 容 简 介

本书以 Selenium 的使用为主线，展现了 UI 自动化测试的各种实践过程，引导读者思考如何基于 Selenium 做好 UI 自动化测试。示例代码采用 Python 和 Java，全书共 8 章，第 1 章分析讨论了自动化测试的意义，旨在使读者对自动化测试有一个较明确的认识；第 2、3 章详细介绍了 Selenium IDE 的命令、Selenium WebDriver API、不同 Driver 对象以及工作原理，旨在使读者对 Selenium 有深入的了解；第 4 章重点通过代码演示介绍了不同类型的测试框架；第 5、6 章是拓宽思路，演示了如何使用 Selenium WebDriver 结合 JavaScript 代码来操作 HTML 5 页面的 Web Storage、Canvas 对象，以及如何使用 Appium 处理原生 App 和 Web App 的页面对象；第 7 章着重演示了主流 BDD 框架 Cucumber-JVM、Lettuce、Behave 的应用，偏实战场景，探讨了 BDD 实施过程中需要考虑的种种问题；第 8 章介绍了测试人员在 Jenkins 使用过程中的必备知识。本书还提供了所有示例的源码与素材文件供读者练习使用，读者可从网上下载本书资源文件。

本书适用于具有编程基础，希望系统地了解 UI 自动化测试的开发或测试人员，以及对自动化测试感兴趣的计算机专业学生等。

本书封面贴有清华大学出版社防伪标签，无标签者不得销售。
版权所有，侵权必究。举报：010-62782989，beiqinquan@tup.tsinghua.edu.cn。

图书在版编目（CIP）数据

Selenium 自动化测试之道/Ping++测试团队编著. —北京：清华大学出版社，2017（2023.7 重印）
ISBN 978-7-302-48594-0

Ⅰ．①S… Ⅱ．①P… Ⅲ．①软件工具—自动检测 Ⅳ．①TP311.561

中国版本图书馆 CIP 数据核字（2017）第 253350 号

责任编辑：王金柱
封面设计：王　翔
责任校对：闫秀华
责任印制：丛怀宇

出版发行：清华大学出版社
网　　址：http://www.tup.com.cn, http://www.wqbook.com
地　　址：北京清华大学学研大厦 A 座　　　邮　　编：100084
社 总 机：010-83470000　　　邮　　购：010-62786544
投稿与读者服务：010-62776969, c-service@tup.tsinghua.edu.cn
质 量 反 馈：010-62772015, zhiliang@tup.tsinghua.edu.cn

印 装 者：三河市龙大印装有限公司
经　　销：全国新华书店
开　　本：180mm×230mm　　　印　　张：13　　　字　　数：291 千字
版　　次：2017 年 11 月第 1 版　　　印　　次：2023 年 7 月第 7 次印刷
定　　价：59.00 元

产品编号：071048-01

推荐序一

很开心看到子腾和她的团队的新书即将出版,子腾在学生时期就非常勤奋、务实,非常爱学习、爱钻研问题,给我留下了非常深刻的印象。

参加工作后的子腾在测试行业工作数年,积累了丰富的经验,这本书的主角Selenium就是她非常钟爱的软件测试工具之一。本书的读者覆盖面非常宽泛,你可以没有自动化测试基础,本书第1章就是为这部分读者准备的。此外,这一章还对几个常见且容易混淆的概念进行了解释,例如自动化是否就是白盒测试、自动化和手工测试的比较等,通过一些生动的举例,给刚从事测试工作的读者做了一次概念普及和辨析,非常生动、清楚。

有了开始的概念铺垫以后,第2章开始导入Selenium,这个名字的读音是[sə'li:niəm],是中文"硒"的意思,它是一套基于Web浏览器自动化测试的框架,本章假设读者需要具备一些Web的基本概念和基础知识,并至少了解一门编程语言,什么语言并不重要,思想是相通的。本章从Selenium的历史讲起,涵盖安装、使用、实践,并穿插讲述Selenium框架的几个组成部分,建议认真阅读本章内容,采取精读的方式,边读边动手实践,这很重要,给阅读后面的章节打下牢固的基础。通过学习第2章的内容,你可以掌握Selenium的基本使用方法,可以在自己的项目中小试牛刀,当然这并不够,还需要继续阅读。

第3章重点讲述了Selenium WebDriver,它是Selenium框架的核心,也是Selenium适用广泛测试场景的基础。例如,它通过不同的Driver支持主流的浏览器(Firefox、Opera、Safari、IE、Chrome等),也支持没有图形界面的Headless浏览器,掌握了WebDriver,可以让你在各种测试场景中游刃有余,磨刀不误砍柴工,这一章也建议认真阅读。

第5章和第6章对HTML 5和移动测试进行了专题介绍,这也切合了当下的技术发展情况,HTML 5如火如荼,移动化也势不可挡。这两章对HTML 5的基础知识进行了讲解,还需要进一步了解的读者可以自行阅读其他更专业的书籍。移动测试作者讲得更加细致,介绍了Appium以及Appium测试环境从搭建到使用的各个环节,并分别讲述了如何测试iOS和Android移动应用,涵盖原生App和Web App的测试,相信关注移动App测试的读者会收获颇多。

在第 7 章，作者对 BDD（行为驱动测试）进行了专题讲解，BDD 更加注重功能和场景。本章介绍了 BDD 相关的工具，并介绍了如何进行技术选型，找到适合自己的工具。有了合适的工具，就需要学习如何实施了，本章的后半部分重点讲述实际工作中如何使用 BDD 工具，这部分内容读者可以现学现用，直接用到当前的测试工作中。

本书的最后，作者对测试之后的工作进行了延伸，讲述了开源框架 Jenkins，可以提高团队测试效率，建议测试团队的 leader 好好阅读这一部分。

本书的风格一如子腾的性格——严谨、务实，值得想要了解 Selenium 测试框架、想要了解自动化测试的读者认真学习和阅读。

《C#权威指南》作者姜晓东

2017 年 6 月，南昌

推荐序二

我和子腾最初是在一个测试群里认识的，可谓一见如故，然后我们就经常就测试的各种问题进行讨论，无论我们彼此的观点是否相同，都讨论得很尽兴，有一种"酣畅淋漓"的感觉，不知不觉间，我们成了一对挚友。后来，我知道子腾和她的小伙伴们准备出书，我就自然而然地成了"早鸟"，基本见证了此书从提纲到初稿，再到定稿的整个过程，也见证了子腾和她的小伙伴们为此付出的巨大的心血和努力。

和子腾聊这本书时，才知道原来她在 2014 年，就在网上讲过 Selenium 相关的课程，但这本书绝不是之前网课的文字版，也不是 Selenium 的使用说明书，而是她多年自动化测试沉淀下来的经验，全是那些从网上找不到的内容。也许本书并不能帮读者深入细致地去了解 Selenium 的每个细节，但本书能教会如何才能做好自动化，启发我们在做自动化时，除了考虑框架、技术外，还需要考虑些什么。所以本书和市面上其他讲述 Selenium 的书不同，除了基础内容、WebDriver 外，还有设计模式、BDD、Jenkins 持续集成等能够把自动化在产品中落地，并且有效用起来的内容。

我本人有很多次做自动化的失败经历，就是现在正在做的自动化项目，也是在忐忑中缓慢进行，所以我深知自动化测试要想在实际项目中达到预期效果的不易。读子腾的这本书，从第一章开始，就感到很接地气。关于自动化的老生常谈，虽是"老生"，但谈的都是那些典型、常见的问题，很多问题，我自己也曾经困惑过，如果你是一位自动化测试或者软件测试的新手，这部分内容一定可以帮你解答心中的疑惑。对学习一项新技术来说，最好的方法就是"使用"。读者只需要按照 Selenium 初体验中的描述，Step by Step，就可以快速入门。WebDriver 是掌握 Selenium 必须要理解的内容，本书也花了大量篇幅来描述相关内容，这部分内容也是我最喜欢的内容之一，写得非常翔实，按照本章的指引和演练，读者应该可以写出基本的 Web 自动化脚本，完成部分自动化测试工作了。

很多介绍 Selenium 的书，到这里可能就结束了，但自动化的本质就是用一段代码来测试另一段代码，自动化脚本稳定可靠是自动化测试的基本，另外要想最大程度地发挥自动化的作用，脚本就要尽可能多地被执行，脚本的可移植性从某种程度上来说，甚至超越了产品本身，所以好的自动化测试一定是需要悉心设计的。设计模式这章就是为了提高自动化脚本的稳定性而编写的。除此之外，书中还介绍了 HTML5 和移动 App 的测试，这些技术在当前都很流行，可以帮助读者丰富自身的自动化测试技术，提升自动化测试实战的应对能力。

事实上，自动化测试要想在项目中发挥好作用，开发模式、流程都是要考虑的因素，特别是对那些使用敏捷方法论的项目来说，自动化变得尤为重要，也往往是测试团队的能力短板。我想为大家推荐本书的一个重要原因就是本书对 BDD、持续集成也进行了系统深入的分析和讨论，这也是本书的一大特色。这样读者就可以把自动化测试做到敏捷项目里，让自动化测试能够发挥更大的作用。

我认识很多优秀的测试工程师，但是能够做到行文流畅简洁，可以说是凤毛麟角，而子腾就是其中之一。阅读本书，你一点也不会感到是种负担，有一种娓娓道来的感觉，犹如一股清泉，但那看似波澜不惊的表面，隐含的却是作者独到的见解和切身体会，这也正是子腾和她的小伙伴们始终在自动化测试领域孜孜不倦研究的结果。我想，对所有热爱测试和渴望技术的人来说，这都是一部可读性很强的作品。阅读它，定会收获满满，不会让你失望。

刘琛梅
2016 年 11 月于蓉

前　　言

写一本关于 Selenium 自动化测试的工具书，一开始我是拒绝的。直到现在，我仍然认为工具书不足以道尽测试的奥妙。学习 Selenium 最好的途径是啃官方文档和源码，从最开始的 Selenium RC 到 WebDriver，再到移动测试 Appium，Selenium 一直在快速、持续地发展和变化着。等读者看到这本书的时候，很可能某些问题已经有了更好的解决方案，或者书中的代码已经不能直接运行。

而最终，我还是动笔了。因为我还有另一个观点："自动化测试"不是某一家公司或者团队组织需要考虑的问题，它应该是测试同行们的必经之路，是日常测试工作的手段之一。而初学者在一开始难免会有畏难情绪，又不知如何构建知识体系。于是，将所思所得分享出来，或许可以帮助初学者尽快地度过那段"破冰期"。

本书的组织方式

市面上 Selenium 的资料很多，谈论测试自动化的也很多。但脱离了工具和技术，去谈方法论，难免让人觉得空洞；而没有方法论的东西，只谈工具和技术，难免是"一叶障目，不见泰山"。本书尝试在梳理技术知识的同时，讨论测试自动化的方法论。

第 1 章主要探讨测试价值观，阐述编者对自动化测试的基本观点和认识。

第 2 章是 Selenium 入门内容，介绍了 Selenium 的发展，涉及 Selenium IDE、Selenium WebDriver 和 Selenium Grid。

第 3 章重点介绍了 Selenium WebDriver 的使用。不是简单罗列 Selenium WebDriver API，还包括不同 WebDriver 对象、不同页面元素的处理思路。

第 4 章介绍了自动化测试框架的设计，包括线性、模块化、数据驱动和关键字框架 4 种类型。

第 5 章介绍了 HTML 5 元素的处理。Selenium 还未对某些 HTML 5 元素的操作进行封装，因而需要利用 JavaScript 来解决问题。读者将在这一章开拓视角，了解更多的 Selenium 应用场景。

第 6 章介绍了移动 App 的测试框架——Appium。基于前面几章对 Selenium 原理与操作的了解,读者会在这一章了解 iOS 与 Android App 自动化测试脚本的写法。

第 7 章介绍了行为驱动开发(BDD)模式。通过这一章,希望读者能体会到做好自动化测试不仅在于工具的掌握和框架的使用,还需要考虑测试用例的管理、手动测试用例如何与自动化脚本关联,甚至与业务部门的沟通等问题,其中几个 BDD 框架的示例为读者提供了解决问题的思路。

第 8 章介绍了持续集成工具 Jenkins 的使用,希望通过这一章能为读者带来测试流程方面的思考。Jenkins 可以让测试脚本的执行、报告的展示变得简单高效。

本书的内容均是由 Ping++ 的一线测试人员编写的。第 2 章由王红兴、周淼淼编写,第 4 章由徐克亮编写,其余章节由吴子腾编写。

本书的特色

本书的特色主要体现在以下 3 个方面:

第一,在理论观点上,本书在开篇就阐明了编者对于"质量与自动化测试的关系"、"自动化测试与白盒测试的关系"等话题的理解。其实 Selenium 等各种自动化测试工具上手并不难,但相信读者在阅读过程中并不仅仅只是想了解一种工具,而是想获得如何实施自动化测试的思路。正所谓,测试技术或工具只是"指月之手",我们追求的是"月亮",是如何放心地迭代,快速地交付高品质的产品。

第二,在学习视角上,本书从 Selenium 工作原理、测试脚本的组织方式——开始讲解,再由 Web 自动化脚本的编写延伸到 HTML 5 元素、App 测试对象的识别等。章节的内容设置与当今企业,尤其是互联网公司所需的 UI 自动化测试技术环环相扣,归纳总结了可能遇到的难点以及解决问题的思路。

第三,在技术实施上,突出了需要向团队传播质量意识与测试自动化实践相结合。本书介绍的行为驱动开发(BDD)与持续集成工具 Jenkins 都是需要团结整个研发团队,甚至是相关的业务部门,才能将这些理念发挥至最佳。当然,即便这些概念在组织推进过程中存在困难,测试人员也可以通过了解这些工具和技术,对研发过程改进这一话题进行更加深入的思考。

考虑到本书的目标和定位,对于没有掌握任何一门编程语言的读者而言,或许会造成阅读门槛。另外,本书涉及多类界面对象的识别和操作、多种测试脚本的写法、多个测试框架的使用。然而在实际工作中,界面操作的自动化仅仅是分层测试策略中的一部分,并不能代表全部的自动化工作。但为了便于从整体上把握和安排内容,编者还是以 Web 测试自动化作为本书的主要架构。这样,相比单一地通过某个系统或产品来整体介绍自动化测试方面的研究，书中各章节的内容显得在体系性上有所欠缺。

目标读者

　　本书主要面向的读者是具备编程基础，缺乏自动化测试经验，希望快速、系统地了解 Selenium，从而进一步做好 UI 测试自动化的工程师。本书不仅是为测试人员而写的，它还适用于对软件测试有兴趣的在读大学生以及希望了解测试技术的开发人员。

　　全书综合了 Selenium 实践过程中的方方面面，涉及脚本编写、框架选型、开发模式等各个领域的讨论。虽然示例代码分为 Java 与 Python 两种语言，但并不会影响阅读，书中对示例代码进行了详尽的文字解读。Python 代码适用于 2.7.10 版本。代码下载链接：https://github.com/applewu/selenium-exercises.git。

如何阅读本书

　　本书的前 3 章是全书内容的基础，需要首先阅读。在掌握了前 3 章之后，读者可以按照任意顺序阅读后续章节。既可以顺序浏览，概观 Selenium 自动化测试实践，也可以选择性地阅读自己感兴趣的章节。

　　我们学习任何测试工具的最终目的不在于掌握工具，而在于如何利用工具更好地为自动化测试服务。自动化测试也只是产品质量工作中的一部分。因此，不要沉迷于"术"，而忘却了"道"。在阅读过程中，读者一方面需要积极实践，掌握测试脚本的编写方法，另一方面需要积极思考，如何在自己所在的工作中合理应用起来。练习与反思，才能将本书的效果发挥至极致。

勘误和支持

　　由于水平有限，书中难免会出现一些错误或者不准确的地方，恳请读者批评指正。在阅读过程中遇到任何问题或错误，欢迎发送邮件至邮箱 test4greenbar@163.com，期待能够得到读者的真挚反馈。

　　读者还可以直接在 Github 的 selenium-exercises 项目中提交代码有关的问题，也可以通过微博（@籽藤_上海）联系编者。

致谢

首先要感谢清华大学出版社提供了这样一个创作平台。其次，感谢那些提供了宝贵建议的朋友们。虽然最终编写这本书的是 Ping++的测试团队，但还有很多同事和好友为本书提供了宝贵的意见。感谢李雨洪、方雷、孙兵兵、叶波光、翁旭锋、李响、左文娅、赵海林、付敏芝、史子飞提出的问题和反馈，感谢我素未谋面却志同道合的好友刘琛梅以及我的老师姜晓东在百忙之中为本书写了推荐序。

最后，我要感谢我的家人。感谢我的父母，尤其是我的母亲，培养了我的阅读和学习习惯。感谢我的公公婆婆，他们的辛勤付出让我在写书的过程中没有后顾之忧，不用担心儿子的生活起居。我还要感谢我的儿子垲兴，你的笑容是我的能量。感谢你们伴我前行。

Ping++测试团队　吴子腾

上海　张江高科

2017 年 9 月 10 日

目 录

第 1 章　自动化测试的价值观 ……………… 1
1.1　自动化测试与产品质量的关系 ……… 1
1.2　自动化并不等同于白盒测试 ………… 2
1.3　采用自动化还是手工测试 …………… 4
1.4　如何进行自动化测试 ………………… 5
1.5　学习自动化测试的建议 ……………… 7
1.6　小结 …………………………………… 8

第 2 章　Selenium 初体验 ………………… 9
2.1　从一个测试脚本说起 ………………… 9
2.2　Selenium 家族 ………………………… 10
2.3　Selenium IDE ………………………… 12
　　2.3.1　安装 Selenium IDE ………… 12
　　2.3.2　Selenium IDE 的使用 ……… 13
　　2.3.3　场景演练 …………………… 20
2.4　Selenium WebDriver ………………… 37
　　2.4.1　工作原理 …………………… 37
　　2.4.2　元素定位 …………………… 38
　　2.4.3　场景演练 …………………… 41
　　2.4.4　Wait ………………………… 45
　　2.4.5　常用的断言 ………………… 46
2.5　Selenium Grid ………………………… 47
　　2.5.1　工作原理 …………………… 47
　　2.5.2　环境搭建 …………………… 48
2.6　小结 …………………………………… 52
2.7　练习 …………………………………… 52

第 3 章　Selenium WebDriver ………… 53
3.1　创建不同的 Driver 对象 ……………… 53
　　3.1.1　主流浏览器 ………………… 53
　　3.1.2　Headless 浏览器 …………… 56
3.2　常用 API 概览 ………………………… 59
　　3.2.1　浏览器操作 ………………… 60
　　3.2.2　ActionChains ……………… 61
　　3.2.3　Alert ………………………… 61
　　3.2.4　By …………………………… 62
　　3.2.5　Desired Capabilities ……… 62
　　3.2.6　Keys ………………………… 63
　　3.2.7　Wait ………………………… 64
　　3.2.8　execute_script …………… 64
　　3.2.9　switch_to …………………… 66
3.3　场景演练 ……………………………… 66
　　3.3.1　弹出框 ……………………… 67
　　3.3.2　悬浮菜单 …………………… 71
　　3.3.3　表格 ………………………… 75
　　3.3.4　iframe ……………………… 79
　　3.3.5　上传与下载 ………………… 81
3.4　可能遇到的异常 ……………………… 83
3.5　小结 …………………………………… 88
3.6　练习 …………………………………… 88

第 4 章　自动化框架 ……………………… 89
4.1　线性框架 ……………………………… 89
4.2　模块化框架 …………………………… 91

4.3 数据驱动框架 … 94
4.4 关键字驱动框架 … 102

第 5 章 HTML 5 测试 … 107

5.1 Web Storage … 108
　5.1.1 Local Storage … 108
　5.1.2 Session Storage … 111
5.2 Application Cache … 111
　5.2.1 获得 Application Cache 当前的状态 … 112
　5.2.2 设置网络连接状态在线/离线 … 113
5.3 Canvas … 114
5.4 Video … 116
5.5 小结 … 118
5.6 练习 … 118

第 6 章 移动 App 测试：Appium … 119

6.1 认识 Appium … 120
　6.1.1 Appium 是什么 … 120
　6.1.2 Appium 与 iOS 应用 … 120
　6.1.3 Appium 与 Android 应用 … 121
6.2 开始使用 Appium … 122
　6.2.1 准备工作 … 122
　6.2.2 Appium 的安装与启动 … 123
6.3 原生 App 测试实践 … 128
　6.3.1 运行 ios_simple.py … 128
　6.3.2 运行 android_simple.py … 133
　6.3.3 寻找练手 App … 136
6.4 Web App 测试实践 … 139
　6.4.1 使用 Chrome 开发者工具查看 Web App 元素 … 141
　6.4.2 Android Web App 的联机调试 … 142
　6.4.3 iOS Web App 的联机调试 … 144
6.5 小结 … 146
6.6 练习 … 146

第 7 章 BDD：行为驱动开发 … 147

7.1 认识 BDD … 148
　7.1.1 BDD 的由来 … 148
　7.1.2 与 TDD 比较 … 150
　7.1.3 选择合适的 BDD 工具 … 151
　7.1.4 BDD 实施 … 157
7.2 BDD 工具的使用 … 160
　7.2.1 使用 Cucumber-JVM … 161
　7.2.2 使用 Lettuce … 168
　7.2.3 使用 Behave … 175
7.3 小结 … 182
7.4 练习 … 182

第 8 章 Jenkins 的使用 … 183

8.1 认识 Jenkins … 183
8.2 Jenkins 安装与启动 … 185
8.3 任务定制化 … 188
　8.3.1 同步源码 … 190
　8.3.2 定时任务 … 190
　8.3.3 报告 … 191
8.4 用户与权限 … 194
8.5 小结 … 195
8.6 练习 … 195

参考资料 … 196

第 1 章

自动化测试的价值观

在行业迅速发展的今天，编写功能测试自动化脚本正逐渐成为测试人员必不可少的技能之一。然而，对于自动化测试在项目或团队中的实施，仍有不少人存在误解，投入了大量时间和精力，结果却事倍功半。

作为全书的开篇，本章先围绕几个常见话题，结合项目实践过程中的所思所得阐明测试价值观。

1.1 自动化测试与产品质量的关系

测试人员思考最多的问题恐怕就是如何才能发现更多更有价值的 Bugs，如何才能更好地避免产品质量上的风险。谈到自动化测试这个话题，出于职业本能，人们往往会第一时间想到：自动化测试如何保证产品质量？

别着急，在提供结论之前，需要有追本溯源的过程。面对这样的问题，先想想看：测试如何保证产品质量？

对于测试与质量问题的关系存在两种极端认识：一种是"测试无用论"，认为开发人员就可以搞定所有测试工作，不需要专业测试人员；另一种认为"待测产品的所有问题都应该被测试人员发现"。

对持有这两种观点的人，笔者都不能苟同。我们可以把测试人员比作医生，拿医生治病来举例。第一种人否定测试人员的价值，好比此人只是小病小疼，自己吃点药就搞定了，不需要看医生；又或者这人接触过的大多是庸医，根本没有提供过有效的帮助，以至于他对医生失去信心。第二种人把产品质量的全部责任都压在测试人员头上，好比他以为医生是万能的，能发现他身上所有的问题。

  正因为没有放之四海而皆准的测试，测试人员本身也面临不少误解，那么对于"自动化测试如何保证产品质量"这种问题就更要留个心眼。笔者非常认同 Cem Kaner 教授的观点，"软件测试是一种技术调查，目的是向相关干系人提供产品相关质量的实验信息"（http://testingeducation.org/wordpress/）。测试人员不是"质量卫士"，测试既不会提高质量，也不会降低质量。尽管有不少公司会把测试人员称为 QA（Quality Assurance），直译就是"质量保证"，但质量是构建出来的，不是测试人员测出来的。因此，测试人员不能保证产品质量，质量保证应当来源于整个产品团队。

  既然通过测试不能保证质量，靠自动化测试更无法保证。

  综上所述，关于自动化测试保证产品质量的说法，本身就是个伪命题。

  那么，应该如何看待自动化测试与质量的关系？

  Cem Kaner 的观点给了我们不少启发，笔者认为测试是一项服务性的工作，测试人员在经过一系列信息收集、技术调查后，应当对产品提供质量反馈。而合理有效的自动化测试能够快速获得反馈，从而帮助产品快速迭代。这正是自动化测试的价值所在。

  本书在介绍测试技术之余，还在第 7 章介绍了 BDD 方法，第 8 章介绍了 Jenkins 使用的知识，意在强调只有团队协作才能让自动化测试的价值最大化。至于如何保证质量，则属于"质量管理"这一领域的内容，涉及质量目标的制定和指标框架的搭建等方法论，这里就不展开讨论了。

1.2 自动化并不等同于白盒测试

  网上有不少介绍白盒测试，分享白盒测试工具的文章。阅读之后会发现，那些并不是白盒测试范畴的内容，只是某种黑盒测试的自动化工具用到了一些编程技术罢了。当大量这类文章充斥着我们的视野，不少测试同行会心生疑惑：自动化就是白盒测试吗？

  让我们先通过维基百科上的介绍来梳理一下"黑盒测试"与"白盒测试"的概念。

  "黑盒测试，软件测试的主要方法之一，也可以称为功能测试、数据驱动测试或基于规格说明的测试。测试者不了解程序的内部情况，不需具备应用程序的代码、内部结构和编程语言的专门知识，只知道程序的输入、输出和系统的功能，这是从用户的角度针对软件界面、功能及外部结构进行测试，而不考虑程序内部逻辑结构。测试案例是依应用系统应该实现的功能，照规范、规格或要求等设计的。测试者选择有效输入和无效输入来验证是否正确地输出。此测试方法适用于大部分的软件测试，如集成测试（integration testing）和系统测试（system testing）。"

"白盒测试（white-box testing）又称透明盒测试（glass box testing）、结构测试（structural testing）、逻辑驱动测试或基于程序本身的测试等，软件测试的主要方法之一。测试应用程序的内部结构或运作，而不是测试应用程序的功能（即黑盒测试）。在进行白盒测试时，以编程语言的角度来设计测试案例。测试者输入数据，验证数据流在程序中的流动路径，并确定适当的输出，类似测试电路中的节点。测试者了解待测试程序的内部结构、算法等信息，这是从程序设计者的角度对程序进行的测试。"

通过上述内容可以看出，**自动化测试与白盒测试没有必然联系，它们是不同维度的概念。**是否是白盒测试，要看在设计测试用例、准备测试数据的过程中，是否考虑了待测程序的代码实现逻辑。如果仅凭待测程序的输入输出进行测试，不关心程序的实现细节，那就是黑盒测试，与你选择了哪种自动化测试工具，使用了哪种框架进行测试一点关系也没有。

举个例子，不少购物应用在最后结算时都会根据当前优惠活动对订单自动减价。这是一个很常见的功能，买了 100 元钱，活动优惠了 20 元，最后付款 80 元。对于这种金额计算的测试，你或许不用了解开发程序的实现细节，脑子里就已经浮现出 N 个测试用例了。整数金额、浮点型金额、正常值、等价类、边界值、优惠金额比订单金额大、正交表、并发测试，你的想法越来越多。按照这种思路整理出多个测试场景，把不同的输入值和期望结果整理为测试用例。为了提高下一个版本的测试效率，你写了脚本，不再需要通过手动配置应用的后台金额来进行测试，你的脚本也对期望结果做了充足的验证。于是，测试脚本把你从手动执行的烦琐工作中解脱出来，之后的回归测试还因此发现了几个 Bugs。

当你看着测试脚本，满怀成就感，嘴角微微上扬的时候，你应该意识到，这只是做了黑盒测试自动化。无论你的测试脚本写得多优雅，此时的待测程序对你而言，还是一个黑盒子，测试的出发点并没有考虑"盒子"的内部结构。

你不满足现有的测试用例，开始研究开发代码，试图了解中间数据的存储、计算方式。发现页面上显示的金额是浮点型，单位是"元"，数据库中存储了整型，单位是"分"。Python 代码大概是这样的：

```
# original_price 页面上显示的原订单金额
# discount 数据库中存储可优惠的金额
original_price_db =original_price*100
final_price = original_price_db - discount
print(final_price)
```

是不是很简单？但如果你有浮点型数据的处理经验，你会看出其中的猫腻。

让我们针对上述逻辑整理出两个用例，做一个小实验，如表1-1所示。

表1-1 两个用例说明

用例编号	场景说明
Test-1	original_price = 69.10
	discount = 6910
Test-2	original_price = 10.5
	discount = 1050

再把上述代码写到 test.py 文件中，观察脚本执行的结果。如图 1-1 所示，当金额为 69.10 元时，若订单金额全免，则最终订单价格不是零。正确做法应该如图 1-2 所示。

图1-1 错误的计算语句　　　　　　图1-2 正确的计算语句

这个例子或许不太恰当，合格的开发人员不会犯这种低级错误。但笔者想强调的是，你要意识到测试数据不充分，开始针对代码逻辑设计测试用例。在这一过程中，你的测试方法和策略都是围绕着待测程序的内部逻辑展开的，所以你做的是白盒测试。

请不要把测试自动化与白盒测试等同起来，它们既不是对等也不是对立的关系。

1.3　采用自动化还是手工测试

在求职网站上搜索软件测试的职位，同一个业务领域，同样的从业年限，自动化测试的薪酬普遍会比手工测试高。不少求职者在面试的时候告诉笔者，他的职业规划是做一两年手工测试，之后转做自动化测试；又或者，面试者会告诉笔者，他不想做手工测试，只想做自动化测试。

以上种种，看起来貌似自动化测试比手工测试有前景。那么，自动化测试真的比手工测试"高大上"吗？

手工测试完全依赖人工，由人去做一系列的输入、点击操作；而自动化测试则是通过测试脚本，由代码逻辑控制测试步骤。自动化测试和手工测试本质上是测试用例在执行过程中两种不同的类型。既然它们的核心都是基于业务的测试用例，或者说测试场景，那么测试人员在编写用例的过程中就不应该受到"这是自动化还是手工"之类的束缚。

前文提到"测试脚本把你从手动执行的烦琐工作中解脱出来"，但我们并不能把"自动化测试"的效果完全等同于"手动测试的自动化执行"。因为在手动测试过程中，测试人员往往会突然冒出灵感，想出一些新的用例，也可能留意到之前没有注意到的细节问题。而自动化测试的检查点是固定的，这种局限性意味着相同的用例，手工执行发现的 Bugs 往往比测试脚本发现的 Bugs 多。换而言之，对于稳定的功能场景，由于测试步骤和检查点都已经固化了，我们可以考虑自动化。这样一来，如果程序改动影响了之前的功能逻辑，就可以在自动化脚本的运行结果中直接反映出来；而对于不稳定的、仍在迭代过程中的功能，我们通过手工的方式，利用探索性测试的思维，可以快速展开测试活动，这会比准备测试脚本更为高效。

无论是手工还是自动化，都需要结合业务场景来制定相应的测试策略。对自动化和手工测试的误解容易造成两种极端。一种极端是认为自动化的时间成本和学习成本太高，迟迟不启动自动化。另一种极端是盲目追求自动化测试覆盖率，强求 100%的自动化。这两种极端都会给测试人员造成极大的痛苦。

诚然，自动化测试比手工测试在前期花费的时间要多得多，没有捷径可言。但在测试工具和技术高速发展的今天，如果团队由于时间和学习成本而放弃自动化，这种团队应该远离。因为它没有考虑测试人员的成长曲线，多半也会在开发延期的情况下，为了保证按时上线而压缩测试时间，最后把上线压力都抛给测试人员。这也正好解释了不少同行离职的原因，是想尝试自动化实践，而团队没有成长空间。

1.4 如何进行自动化测试

在讨论这一话题之前，我们先来看看两名测试人员的故事。

小简和小琪是同一个测试团队的成员，他们各自负责某个产品模块的测试。日常工作包括理解与确认需求、准备测试用例、执行测试、提交和复测 Bugs 等。随着业务的发展，小简觉得工作量越来越大，压得他喘不过气来，而小琪仿佛游刃有余，工作效率明显高于小简，还发现了一些容易忽略的回归测试过程中的 Bugs。小简很苦恼，自己已经非常认真了，为什么有些问题还是容易漏掉，没发现呢？小琪的高效到底高明在何处？

于是，小简带着满心困惑去"取经"。两人展开以下对话。

小简："小琪，上次那几个 bugs 你是怎么发现的？开发又没说他们动了那几个地方，你怎么连这么小的细节都留意到了呀？"

小琪："哈哈，其实不是我留意到了，是我的脚本帮助我发现了那里的问题。"

小简："噢？什么脚本？"

小琪："我最近在学一个叫 Selenium 的自动化测试框架。咱们在浏览器页面上做的那些操作都可以用脚本来实现的。有几个重要的功能，咱们不是每次上线之前都要做回归测试吗？我就干脆用脚本实现了，要测的时候先跑跑脚本。上次那几个 bugs，是因为我的脚本里正好有那几个检查点，脚本报错了，我才注意到那个页面有点问题。"

小简："噢，原来如此，既然这脚本这么好用，你就分享出来，让大伙儿都用起来呗。"

小琪："以后会分享的，现在还不是时候呢。现在只是零碎的脚本，我想搭个框架出来再分享。有了框架，也方便大家去补充和维护用例了。"

小简："好的，太期待了！我也得学学 Selenium，好多在页面上点击的活儿就不用那么费劲了。不过平时那么忙，你是怎么挤时间学的呀？"

小琪："我最近不怎么看剧、打游戏了，反正想学总能挤出时间。其实你有编程基础，Selenium 上手挺容易的，只是用到咱们项目里还有一堆问题要考虑。咱们以后多多交流吧！"

就这样，小简从小琪那里听说了 Selenium 这门利器，开始了自动化测试的学习之路。

故事讲完了，不知道上面的对话是否唤起了你的共鸣？执行测试是一个迭代的过程，充满了重复烦琐的劳动。反复地操作，反复地确认，对于喜欢挑战未知的人而言，这样的工作是在透支工作激情。从另一个角度来说，大量反复确认的工作往往会带来很强的疲劳感，容易熟视无睹，就这样放过了 Bugs。如何跳出这种"温水煮青蛙"的局面？显然应当减少重复劳动，提高测试执行的效率，节省时间去做更有价值的事情。

作为一个测试人员，追求功能测试的自动化，用技术提升工作效率，是一种本能的行为。故事中的小琪就主动使用了 Selenium 这款 UI 自动化测试工具，将自己从某些枯燥烦琐的工作中解脱出来，并交付更好的工作成果，这正是测试人员自我学习的原动力。

以产品或者团队的角度而言，何时进行自动化，如何有效地实施自动化测试，需要考虑方方面面的因素。比如，测试人员是否有技术背景，编码能力如何，是否有时间编写和维护测试脚本，是否有合适的工具或框架满足自动化测试的需求等。

编写自动化脚本，有人称为"测试开发"。因为它确实需要测试人员具备很多开发技能，如环境部署、代码能力、深入理解产品的技术细节、代码版本控制、持续集成等。不同的人有不同的背景、不同的目标、不同的测试内容，自动化测试的实施方式自然不同。这里简单陈述两种不同的组织形式。

由独立的团队去做自动化。对于复杂的产品，尤其是银行系统、医疗软件等特别领域，任何人都不可能掌握所有的细节和使用场景，产品复杂度涉及技术、业务知识、交互设计等多个方面。它们的研发人数多，跨部门沟通多，产品功能在开发阶段的变更不会很大，除了有功能测试人员之外，还有独立的自动化测试团队、性能测试团队等。大多是把集成测试或验收测试的用例在评审之后交由自动化团队。

把自动化作为每个测试团队成员的日常工作。有些公司会把掌握自动化写入测试人员的招聘启事中，甚至与从业年限挂钩，作为是否入职和绩效考核的标准之一。测试人员在设计用例的时候就开始考虑是否能够自动化，大概在什么时间点补充自动化脚本。这种团队的任务分配形式可以更加丰富，比如在版本 1.0 时，甲负责 A 模块的手动测试，乙负责 B 模块，此时大家都没有时间写自动化脚本，产品就上线了；而在版本 2.0 的开发过程中，测试人员可以编写 1.0 的脚本，甲写 B 模块，乙写 A 模块，他们写脚本的过程也是对用例评审的过程。

1.5 学习自动化测试的建议

在即将开始 Selenium 学习旅程之前，为大家分享两个对笔者影响比较大的故事。一个故事是"小马过河"，另一个故事是"吃饼"。

"小马过河"说的是小马第一次过河，遇到了牛伯伯和小松鼠，一个说水浅，一个说水深。最后小马淌过河才发现，河水既没有牛伯伯说得那么浅，也没有小松鼠说得那么深。这篇小学课文大家都学过，道理大家都懂，可遇到陌生领域，不少人会像"小马"一样踌躇不前。遇到前辈，满口是"很迷茫""我不知道自己擅长什么""怎么学 XXX 啊"之类的话。其实，"淌河"的那一脚迈出才最能出真知。迷茫、不知所从，那就先从感兴趣的领域入手；不知道自己擅长什么，可以进行领域内不同层面的尝试，必然会有自带人设的技能被召唤出。

有的人谈到测试技术会抛出不少测试框架和工具名词，但当笔者问道，你在自己机器上安装了这个工具吗？你搭建了环境学这门技术吗？他反而沉默。这样的人只顾站在河边观望，那一脚却吝于迈出，这样就不可能了解测试的真正意义。

第二个故事是"吃饼"。说的是有个人吃烧饼，吃了一块没吃饱，两块还是没吃饱，直到吃了第 7 块才饱了。他叹道，早知道吃了这一块能饱，我何必去吃前面 6 块饼呢？我们都会认为这是一个很滑稽的故事，那我们是不是这样"滑稽"的人呢？在解决某个问题的时候，尝试了 N 种办法，搞定之后难免会想，我要是早么么干就好了；又或者用另一种技术或框架重构脚本的时候，会想我之前是不是太蠢？还有的时候，埋头苦学了一阵，发觉没什么提高，雾里看花，不得要领；很积极地开发工具和脚本，发现对工作效率的改进微乎其微，就开始怀疑自己的努力。学习一门技能是将知识积累升华为智慧的过程，循序渐进，坚持不懈，自然会水到渠成。

学自动化测试与学其他技术一样，借助各种工具是必要的，能掌握更多资源；通过微博或公众号结识一些业界榜样则更佳，多多少少能扩大眼界。剩下的就只有耐住寂寞，下硬功夫，去面对学习道路上的种种问题。

1.6 小　　结

本章旨在梳理自动化测试的常见问题，不少内容是笔者多年实践过程中逐渐形成的观点，欢迎讨论。

自动化测试的价值在于快速获得质量反馈，但质量不能完全依赖自动化测试。

自动化测试与白盒测试是两个维度的话题。

自动化测试不能代替人工，不要吝啬在测试用例设计与测试策略上花时间。

第 2 章

Selenium 初体验

在第 1 章读者或许已经对 Selenium 有了第一印象—— 一款 UI 自动化测试工具。接下来，我们要正式体验 Selenium 这款测试利器的威力。

本章除了介绍 Selenium 的内容之外，还涉及两方面的知识：一方面是 Web 系统的基础知识，比如 HTML、XPath、DOM、JavaScript 等。如果不了解，推荐你访问 w3school（http://www.w3school.com.cn/）学习。另一方面是编程语言。本章示例是采用 Java 和 Python 语言来演示的。脚本逻辑简单，如果你不会 Java 或 Python，也可以理解 Selenium 的用法。但建议你至少掌握一门编程语言，这样才能完全理解 Selenium 的用法。

2.1 从一个测试脚本说起

万事开头难。在了解什么是 Selenium 之前，我们先看一个最简单的 Selenium 脚本究竟是什么样的。定一个小目标，编写脚本，实现访问 Bing 搜索页面，检查页面标题中是否包含了 Bing 这一内容。

以下是用 Python 实现的示例。

```
1  from selenium import webdriver
2  driver =webdriver.Firefox()
```

```
3  driver.get("http://cn.bing.com/")
4  assert 'Bing' in driver.title
5  driver.quit()
```

让我们来逐一解读它们的作用：

第 1 行，引入了 selenium webdriver 模块。

第 2 行，初始化了 Firefox webdriver 对象，对象名为 driver。这一行会启动你本地机器上的 Firefox 程序，打开一个 Firefox 窗口。

第 3 行，调用 driver 对象的 get 方法，Firefox 浏览器会跳转到 Bing 搜索页面。

第 4 行，检查页面标题是否包含了 Bing 这一字符串内容。若是，则测试用例通过。

第 5 行，Firefox 程序退出，浏览器窗口关闭。

读到这里，想必你的脑中有许多问号。Selenium 就是一个类库吗？Selenium 的工作原理是怎样的？为什么它打开的 Firefox 窗口跟我手动打开的不一样，那些浏览器插件都没有加载？Selenium 有没有自动生成脚本的录制功能呢？支持分布式测试吗？

别着急，请带着这些问题阅读后面几个小节的内容，你将豁然开朗。

如果你迫不及待地想要运行这个 Python 脚本，可以按照以下步骤去执行。你也可以跳过这些内容，后续章节将有更为详细的说明。

（1）确保本地 Python 环境、Firefox 浏览器已经准备好。

（2）下载 Python selenium 包，地址为 https://pypi.python.org/pypi/selenium。

（3）在 Python 命令窗口下逐行输入上述的示例代码，查看效果。

若你下载的 selenium 包的版本是 3.0+，还需要在本地安装 geckodriver。下载地址：https://github.com/mozilla/geckodriver/releases。

2.2　Selenium 家族

Selenium 与传统意义上的主流测试工具 QTP、JMeter、LoadRunner 等不同，用"一个工具"这样的字眼来形容 Selenium 并不恰当。Selenium 是一套 Web 应用的测试框架，为了满足不同的需要，它提供了几个组件形成了所谓的"Selenium 家族"。其家族成员简要介绍如下。

- Selenium IDE：是一个 Firefox 浏览器的附加组件，提供录制回放功能，可以快速创建测试用例，并且可以将录制生成的脚本转换为多种编程语言的脚本。

- Selenium RC（Remote Control）：Selenium RC 是一个用 Java 语言编写的服务端，可以处理测试脚本发送过来的 HTTP 请求，来操作浏览器。
- Selenium Grid：支持分布式测试，即可以在不同平台、不同浏览器的多台远程机器上同时运行 Selenium 测试脚本，从而提高测试效率，减少执行时间。
- Selenium WebDriver：正如我们在 2.1 节的示例，WebDriver 是测试脚本的核心。在测试脚本中，通过调用 WebDriver 对象的方法来操作浏览器。

纵观 Selenium 的历史，它最初作为 ThoughtWorks 公司的内部工具使用，2004 年被 Jason Huggins 开发出来，于 2005 年闻名于世。Selenium Grid 在 2008 年由 Philippe Hanrigou 开发出来。当时 Selenium IDE、Selenium RC、Selenium Grid 被统称为 Selenium 1.0。直到 2009 年，开发者们决定将 Selenium RC 与由另一名 ThoughtWorks 工程师 Simon Stewart 开发的 WebDriver 合并，这便有了 Selenium WebDriver，就此开启了 2.0 时代。

Selenium 2.0 是由 Selenium 1.0 与 WebDriver 合并产生的。现在看起来，Selenium WebDriver 仿佛成了"主角"，但并不意味着 Remote Control 就毫无用武之地。下文将介绍 Selenium RC 与 WebDriver 的工作原理，3.1 节将对它们的用法做具体的演示。

简而言之，Selenium IDE 是为了方便录制，Selenium Grid 是为了提升执行效率，Selenium RC/WebDriver 是脚本编写的核心。接下来，让我们深入了解 Selenium RC 与 WebDriver 的工作原理，以及它们之间的差异。

如图 2-1 所示，Selenium RC 的工作原理是，在测试脚本执行之前，需要启动 Selenium 服务端，通过注入 JavaScript 形成沙箱环境，在沙箱环境中完成测试脚本中指定的浏览器操作。

而 WebDriver 是从浏览器外部来控制的，通过调用浏览器原生接口来驱动，完成页面操作。比如说，当我们的脚本操作 Firefox 浏览器的时候，WebDriver 是用 JavaScript 来调用 API 的，而当我们操作 IE 浏览器的时候，WebDriver 就用 C++ 了。

由于有些页面元素在沙箱和浏览器上的展示有很大出入，因此调用浏览器原生接口或许是控制浏览器的最好方式了。但问题是，如果有新的浏览器问世，WebDriver API 就无法支持，而 Selenium RC 可以。

Selenium RC 与 WebDriver 合并之后，也就是 Selenium 2.0 之后，对于主流的浏览器 Chrome、IE、Firefox 上的页面操作，可以基于各自的 Driver 文件（2.1 节末尾提到的 geckodriver 正是 Firefox 浏览器的 Driver 文件），而无须启动服务端。同时，还支持 RemoteWebDriver，使用方式与 Remote Control 一致。我们将在第 3 章对不同的 Driver 对象进行详细介绍。

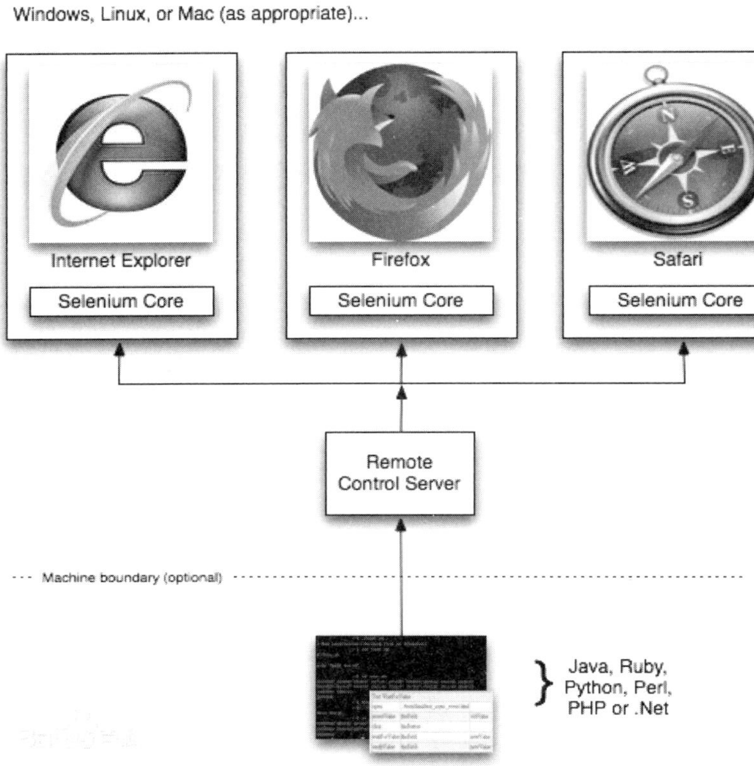

图 2-1　Selenium RC 的工作原理

2.3　Selenium IDE

正如 2.2 节中介绍的，Selenium IDE 是一个 Firefox 浏览器的附加组件，不是一个独立的工具。它安装简单且易学，可以将 Web 页面上的操作录制下来，转换为脚本文件，是 Selenium 家族中最容易上手的工具。本节先详细介绍 Selenium IDE 的功能，再结合场景演练展示 Selenium IDE 的实践过程。

2.3.1　安装 Selenium IDE

笔者编写本章时，Selenium IDE 的最新版本为 2.9.1，支持 Firefox 17.0 及以上版本。

打开 Firefox 浏览器，前往 https://addons.mozilla.org/en-US/firefox/addon/selenium-ide/下载 IDE 插件。如图 2-2 所示，单击 Add to Firefox，进入安装页面后，单击"安装"即可。

图 2-2　在 FireFox 中安装 Selenium IDE

安装完成后，在 Firefox 的"工具"菜单中可看到 Selenium IDE 选项，到此安装完毕，如图 2-3 所示。

图 2-3　Selenium IDE 出现在工具菜单栏

2.3.2　Selenium IDE 的使用

打开 Selenium IDE，其界面如图 2-4 所示。

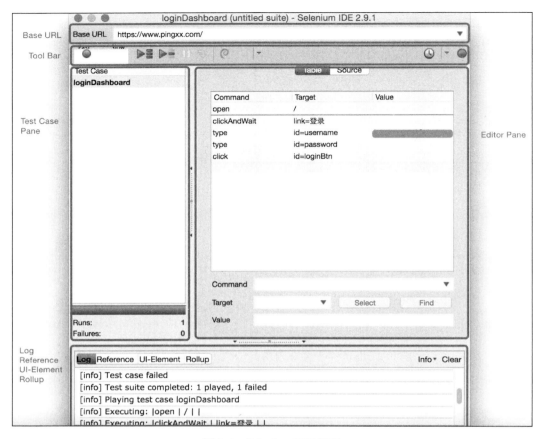

图 2-4 Selenium IDE 界面

- Base URL

  指目标测试站点的根路径，脚本运行时会默认打开这个地址。该站点下的页面可以在此 URL 基础上使用相对 URL。比如，我们要测试的 Web 站点是 https://www.pingxx.com，待测试页面的完整 URL 是 https://www.pingxx.com/products、https://www.pingxx.com/customers 之类，可以将 Base URL 写为 https://www.pingxx.com，如图 2-5 所示。若要测试其他页面，则可以在测试脚本中使用 2.3.3 小节 Selenese 中介绍的 open 命令，打开/products、/customers 等页面。

图 2-5 Base URL

- Tool Bar
    - ![] 控制回放速度，即控制每个 Command 之间执行的时间间隔。
    - ![] 回放 Test Suite，即执行 Test Case Pane 中显示的所有 Test Case。
    - ![] 回放选中的 Test Case。
    - ![] 暂停/继续。
    - ![] 暂停后按步执行，用于对录制脚本进行调试。
    - ![] 添加 Rollup，将在 2.3.3 小节中对 Rollup 的用法进行详细介绍。
    - ![] 收藏的 Test Suite，单击菜单栏中的 Favorites→Add favorite 收藏，前提是该 Test Suite 已经保存了。
    - ![] 开始/停止录制。
    - ![] 制定执行计划，支持脚本定时运行，如图 2-6 所示。

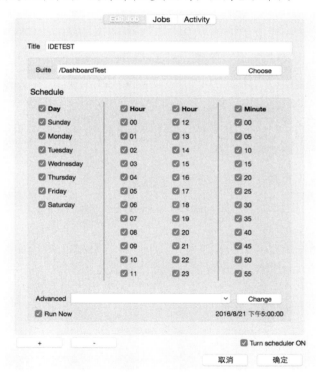

图 2-6　脚本定时计划

- Test Case Pane
当前 Test Suite 中的 Test Case 列表。运行之后，绿色表示通过，红色表示失败。如图 2-7 所示，执行结果表明：执行了两个 Test Case，其中一个失败了。

- Editor Pane
  Editor Pane 用于显示界面操作，也就是我们在测试过程中需要对页面上的元素执行操作。当 Selenium IDE 处于录制状态时，我们在浏览器上的操作将被记录到这里。
  如图 2-8 所示，Editor Pane 分为 Table 和 Source 两种视图。

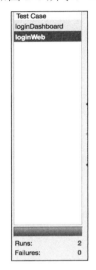

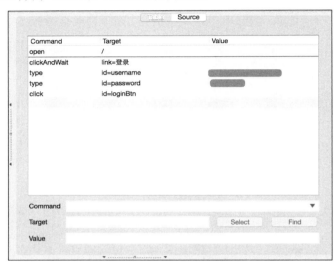

图 2-7　Test Case Pane（测试范例面板）　　图 2-8　Editor Pane（编辑面板）

默认显示 Table 视图。其中，分为三大元素。

- Command：操作命令，如 open、click、type，会在 2.3.3 小节 Selenese 中进行详细说明。
- Target：操作目标。根据操作命令不同，操作目标的类型也不尽相同。它可能是某个元素的属性值，也有可能是一个表达式。
- Value：操作值，如图 2-8 中在文本框输入的用户名、密码，若要更新 Table 视图中的内容，选中一行后即可编辑。
- Select 按钮：单击 Select，再将鼠标移至浏览器页面，鼠标划过的元素会高亮显示，单击即可修改 Target 为该目标。
- Find 按钮：选中 Table 视图中的一行，单击 Find，页面中该对象将高亮显示。
- Source 视图：顾名思义，即显示 Table 视图相应的源码。如图 2-9 所示，Source 视图默认为 HTML 代码。

图 2-9　Editor Pane 的 Source 视图

Source 视图还支持其他语言的转换，但是并不提倡这种做法，进入 Options→Format 中的链接（http://blog.reallysimplethoughts.com/2011/06/10/does-selenium-ide-v1-0-11-support-changing-formats/）说明了原因：目前 Selenium IDE 只有在 HTML 格式下才可以稳定工作，其他语言格式还在实验阶段，仍需要做很多工作来保证其稳定性。如果一定要转换，可进入 Options→Options…→General，勾选 Enable experimental features，再进入 Options →Format，如图 2-10 所示。

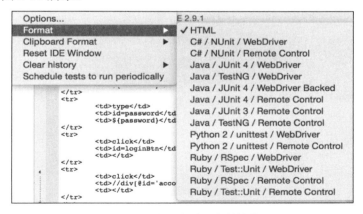

图 2-10　支持多种语言的转换

当你选择其他语言时，IDE 也会给出不推荐转换语言的提示，如图 2-11 所示。

图 2-11　不推荐转换语言的提示

转换为其他语言后，执行按钮、Table 视图都被置灰，如图 2-12 所示。在 2.3.3 小节中介绍了导出脚本的方式，可转换为各种编程语言。

图 2-12　Table 视图不可用

- Log

  如图 2-13 所示，每一个步骤的执行结果都将记录为 Log。默认显示所有 log，可以根据不同类型（Debug、Info、Warn、Error）过滤，便于调试。

图 2-13　Log

- Reference
  显示被选中 Command 的功能说明，如图 2-14 所示，包括所需要的参数，便于快速了解 Command 的用法。

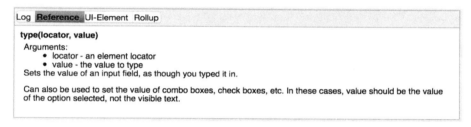

图 2-14　Reference

- UI-Element
  Selenium 的高级用法，使用 JavaScript 定义对象。本节不做介绍，可通过帮助→UI-Element Documentation 了解详情。

- Rollup
  将多个操作合并到一个操作步骤中，将步骤内容写入 JavaScript 文件后，作为用户扩展导入。导入完成后，便可以在 Rollup 标签页中看到 JavaScript 文件中定义的步骤说明，如图 2-15 所示。2.3.3 小节将演示 Rollup 的用法。

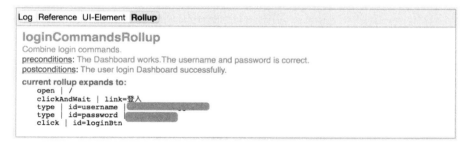

图 2-15　Rollup

遗憾的是，在 Mozilla 发布了 Firefox 55.0 版本的第二天，即 2017 年 8 月 9 日，Selenium 官方在博客上进行了正式说明，Selenium IDE 无法在 Firefox 55 中使用。博文中提到了两个原因，一是浏览器是不断发展的复杂软件。Mozilla 一直在努力将 Firefox 提升得更快更稳定。Firefox 浏览器扩展正在从原来的 "XPI" 格式转换为新的更广泛采用的 "Web 扩展" 机制。二是 Selenium 项目缺少人力，没有足够的时间和精力将新的技术应用到 IDE 迭代中。

当然，博文中也提到了 Selenium IDE 在重构，还号召更多的开发者加入到 Selenium 项目中来。作为具有广泛影响力和群众基础的项目，相信 Selenium IDE 在重构之后，将以崭新的面貌出现在世人面前。

官方博文地址：https://seleniumhq.wordpress.com/2017/08/09/firefox-55-and-selenium-ide/。

2.3.3 场景演练

前文已经对 Selenium IDE 做了详细的介绍，接下来，我们将测试一个具体的场景，来掌握 Selenium IDE 的使用。

业务背景：企业用户在登录系统之后，可在 Ping++管理平台的企业账户中进行充值，用于身份实名认证和银行卡认证接口费用。可以简单理解为一个电子钱包，支持充值、消费、查看交易明细。

场景说明：登录 Ping++管理平台并查看企业账户及余额、明细，如图 2-16 所示。

图 2-16　待测页面截图

Selenium IDE 使用过程如下：

步骤01 打开 Firefox，确保 Selenium IDE 在录制状态。

步骤02 在 Firefox 浏览器上进行测试操作，例如访问待测系统、进入页面、点击按钮等操作。

步骤03 在操作过程中观察 Selenium IDE 界面上的命令变化。在 Firefox 页面上每做一次操作，都会录制形成一条命令。

步骤 04 停止录制，查看结果。

使用过程很简单，录制结果如图 2-17 所示。

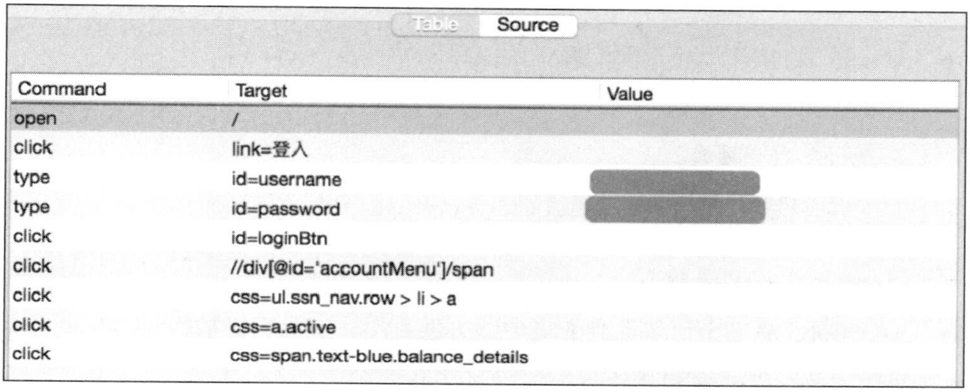

Command	Target	Value
open	/	
click	link=登入	
type	id=username	
type	id=password	
click	id=loginBtn	
click	//div[@id='accountMenu']/span	
click	css=ul.ssn_nav.row > li > a	
click	css=a.active	
click	css=span.text-blue.balance_details	

图 2-17 Selenium IDE 录制结果

录制完成后，单击 File→Save Test Case，保存脚本到本地，文件格式为 HTML。

如图 2-17 所示为由录制生成的 Test Case，没有经过任何的改动。单击 ▶ 按钮进行回放，你会发现运行过程中抛出了异常，无法通过，如图 2-18 所示。

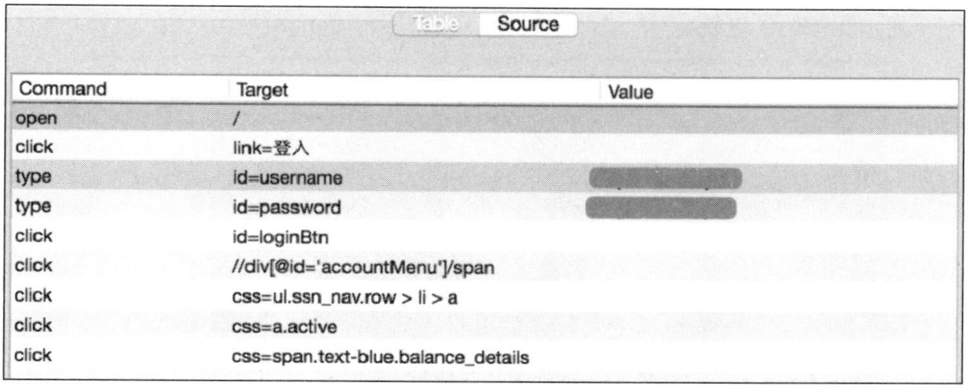

Command	Target	Value
open	/	
click	link=登入	
type	id=username	
type	id=password	
click	id=loginBtn	
click	//div[@id='accountMenu']/span	
click	css=ul.ssn_nav.row > li > a	
click	css=a.active	
click	css=span.text-blue.balance_details	

图 2-18 执行测试失败

如果你动手实践了上述操作，或许你已经基于 Log 面板中的信息找到了脚本异常的原因。如果你还没有想明白，别着急，让我们带着这个疑问先对 Selenium IDE 提供的命令进行系统性的学习。

我们不仅要了解如何解决脚本中的异常，创建一个可以正常运行的脚本，更重要的是，利用 Selenium IDE 的高级功能（例如模糊匹配，Roll up）使脚本更加完善，易于维护。

1. Selenese

Selenese 是命令集合的统称，分为以下几种类型。

- Action：直接作用在页面元素上的操作，如点击、输入等。
  常用的有：
  - open　打开页面。
  - type　输入内容。
  - click　点击。
  - sendKeys　键盘输入。

- Accessor：将某个值保存到变量中，方便复用，提高可维护性。
  使用 store 命令来储存变量，如图 2-19 所示，将变量值作为 Target 的内容，自定义的变量名作为 Value 的内容。当我们要使用变量的时候，用${变量名}格式引用变量。图 2-19 将用户名、密码分别存储到变量 username 与 password 中，如果测试脚本的多个步骤都用到了用户名和密码，使用上述变量的方式会让脚本易于维护。如果用户名密码改变了，我们无须逐个修改步骤中的值，只要更新变量值即可，这就是所谓的"脚本参数化"。否则，我们需要确认每个使用用户名、密码的步骤都做了更新。

Command	Target	Value
store		username
store		password
type	id=username	${username}
type	id=password	${password}

图 2-19　脚本参数化

除了上文提到的 store 命令之外，常用的 Accessor 类型的命令还有：
  - storeTitle　储存当前页面的标题（title）。
  - storeText　储存元素的文本（text）属性值。
  - storeElementPresent　记录元素是否存在，返回 true 或 false。

- Assertions：Assertions 即检查点，Selenium IDE 的"检查点"支持两种类型：Assert 与 Verify。Assert 又译作"断言"，它不是某个测试工具独有的概念，各种测试框架中都能见到它的身影。Assert 用于检查指定条件是否满足，如果不满足，整个 Test Case 运行终止。举个例子，我们可以在 Test Case 开始时用 Assert 相关命令检查页面的 title 属性是不是等于期望值，如图 2-20 所示，如果不等于，可能是页面跳转有误，没有必要继续执行后续操作，脚本会即刻终止。

图 2-20　使用 assertTitle

常用的 Assert 命令有：

- assertLocation　检查当前是否在正确的页面。
- assertTitle　检查当前页面的 title。
- assertValue　检查输入的值。
- assertSelected　检查 select 的下拉菜单中选中是否正确。
- assertText　检查指定文本是否正确。
- assertTextPresent /assertTextNotPresent　检查指定文本存在/不存在。
- assertEditabl/assertNotEditable　检查指定文本框可编辑/不可编辑。

Verify 也是用于验证指定条件是否等于期望值，如图 2-21 所示。与 Assert 不同的是，如果不等于期望值，那么当前步骤失败，继续执行下一步。它不会影响后续步骤的执行。

图 2-21　使用 verifyVisible

常用的 Vertify 命令有：

- verifyTitle　验证页面 title 是否正确。
- verifyTextPresent/ verifyTextNotPresent　验证指定文本存在/不存在。
- verifyElementPresent/ verifyElementNotPresent　验证指定元素存在/不存在。
- verifyVisible　验证指定元素是否可见。

- Wait：手工测试的过程中，页面毫秒级的加载速度肉眼是感觉不到的，而对于自动化测试而言，页面的加载问题是测试脚本中一个重要的考虑因素。况且由于网络、服务器等问题可能会导致页面加载慢。在手工测试过程中，测试人员往往是等待元素加载完成后才会进行操作；同样地，测试脚本也要学会"等待"。否则就会遇到 2.3.3 场景演练开篇脚本中出现的异常。
Selenium IDE 提供的 Wait 命令分为两种形式。一种形式简写为"***AndWait"，即执行操作后，要等待页面刷新完成才进行下一步，常见的有：clickAndWait（点击并等待）、typeAndWait（输入并等待）、selectAndWait（选择并等待）；

另一种形式简写为"waitFor***"，即等待直到符合某一特定条件才进行下一步，常见的有：waitForElementPresent（等待直到指定的元素出现在页面上）、waitForVisible（等待直到元素可见。它与 waitForElementPresent 非常类似，两者之间的微妙差别是：Present 是以 HTML 元素的形式存在于页面上的，而 Visibility 则是 CSS 设置的）、waitForTitle（等待直到页面 title 为指定的内容）。

Selenium IDE 默认的最大等待时间为 30000 毫秒，即若在 30 秒内没有找到元素，则测试步骤失败，脚本抛出异常。可进入 Selenium IDE 菜单栏的 Options→Options…→General，设置 Default timeout value，单位为毫秒。

如图 2-22 所示，余额明细是在页面加载完成之后出现的，可以用它作为加载完成的标志。

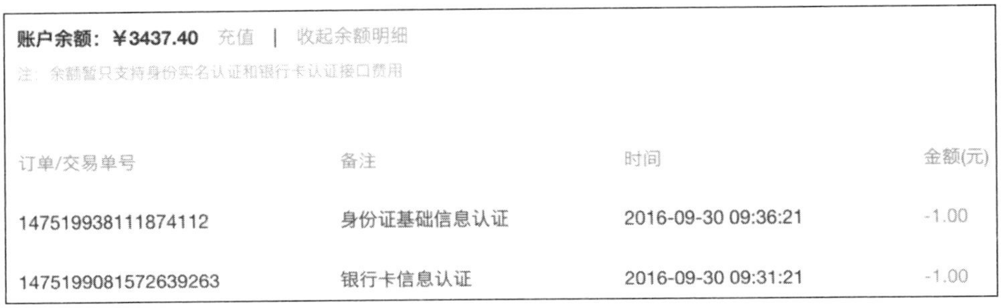

图 2-22　待测页面的截图

如图 2-23 所示，使用 waitForElementPresent 命令，使脚本在出现余额明细之后才会执行后续操作。

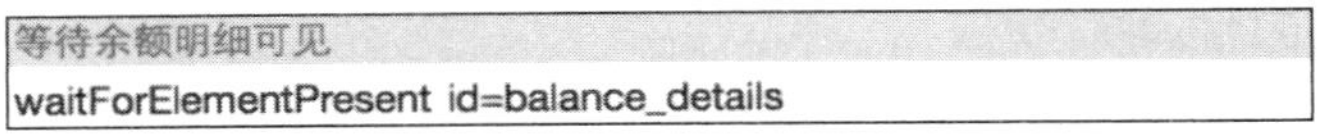

图 2-23　使用 wait 命令

除了图 2-23 的 waitForElementPresent 方法，本例还可以使用其他的 waitFor***方法。图 2-24 演示了多种 wait 命令的使用。这里需要特别说明的是，为了演示 clickAndWait 的用法，在图 2-24 录制脚本中第 4 步 waitForTitle 之前，我们使用了 clickAndWait 命令。而事实上，脚本中 clickAndWait 有画蛇添足之嫌。通常的做法是："先 click 再 waitForTitle"或者"先 clickAndWait 再 assertTitle"。

你或许注意到，示例中还使用了另一种等待方式：pause，暂停 2 秒。它与 waitFor***的区别在于，waitFor ***是隐式等待，如果条件满足，就立即执行下一步，否则就一直等到 Selenium IDE 设置的最大等待时间，因此具体的等待时间是不固定的；而 pause 是显示等待，明确了等待时间，一定要等到时间结束为止。二者相比，waitFor***更高效。

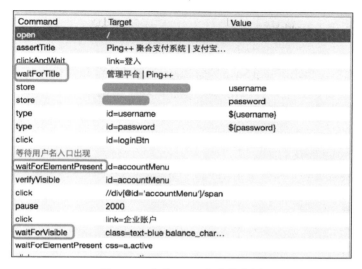

图 2-24　多种 wait 命令的使用

到此，我们已经了解了 Selenese 命令的类型及其常见用法。如图 2-25 所示，运用 Selenese 命令更新 Selenium IDE 录制脚本之后，脚本立刻"旧貌换新颜"，不再因为加载问题导致执行失败，还做了参数化，设置了基本的检查点。

图 2-25　运用 Selenese 命令更新 Selenium IDE 录制脚本

2. 保存脚本

可以将一系列 Test Case 保存为一个 Test Suite，作为一个脚本文件来管理。

如图 2-26 所示，单击 File→Save Test Suite，选择位置并保存。

打开保存的文件，文件为 HTML 格式，每个 Test Case 为一个链接，如图 2-27 所示。

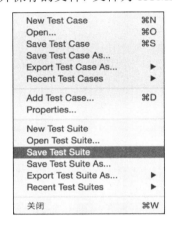

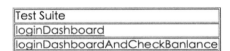

图 2-26　保存 Test Suite　　　　　　图 2-27　保存的 Test Suite 文件

点开一个 Test Case 链接，是一个 HTML 表格，如图 2-28 所示。

loginDashboardAndCheckBanlance		
open	/	
assertTitle	Ping++ 聚合支付系统 | 支付宝 微信支付 分期 Apple Pay	
clickAndWait	link=登入	
waitForTitle	管理平台 | Ping++	
store		username
store		password
type	id=username	${username}
type	id=password	${password}
click	id=loginBtn	
waitForElementPresent	id=accountMenu	
verifyVisible	id=accountMenu	
click	//div[@id='accountMenu']/span	
pause	2000	
click	link=企业账户	
waitForVisible	class=text-blue balance_charge	
waitForElementPresent	css=a.active	
click	css=a.active	
waitForVisible	css=span.text-blue.balance_details	
click	css=span.text-blue.balance_details	
waitForElementPresent	id=balance_details	

图 2-28　Test Suite 文件中的 Test Case

3. 编辑脚本的技巧

编辑和调试脚本的过程中，有如下小技巧：

- 在页面中右击，在打开的快捷菜单中选择 Insert New Command 直接插入步骤。
- 使用暂停 ，点击 即可逐步执行，方便观察脚本的执行状态。
- 在页面中右击，在打开的快捷菜单中添加 Set/Clear Start Point，或者选中目标行，使用快捷键 S 添加 Start Point，只能设置一个，每次执行从此开始，不必从头开始执行脚本。

> ▶ waitForElementPres... id=accountMenu

- 从右键菜单添加 Toggle Breakpoint，或者选中目标行，使用快捷键 B 设置 Breakpoint（断点），脚本执行至此会暂停。

> ‖ waitForElementPres... id=accountMenu

- 可在右键菜单 Insert New Comment 中添加 Comment，增强脚本可读性。

> 等待用户名入口出现
> waitForElementPresent   id=accountMenu

- 确保打开 Selenium IDE 后，在浏览器中对目标元素右击，打开如图 2-29 所示的菜单，可快速添加 assert、verify、store、waitFor 等命令。

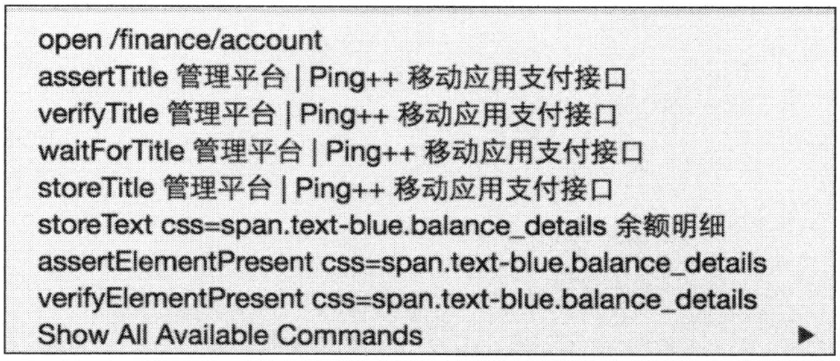

> open /finance/account
> assertTitle 管理平台 | Ping++ 移动应用支付接口
> verifyTitle 管理平台 | Ping++ 移动应用支付接口
> waitForTitle 管理平台 | Ping++ 移动应用支付接口
> storeTitle 管理平台 | Ping++ 移动应用支付接口
> storeText css=span.text-blue.balance_details 余额明细
> assertElementPresent css=span.text-blue.balance_details
> verifyElementPresent css=span.text-blue.balance_details
> Show All Available Commands ▶

图 2-29　浏览器中有关 Selenium IDE 的菜单

4. 模糊匹配在检查点中的使用

有一些页面元素的属性值不是固定的，且符合一定的规则，比如带有 Test 字符串前缀的订单号。当我们要为这些动态值设置检查点的时候，可以使用模糊匹配的功能。接下来，介绍以下几种模糊匹配的类型。

Globbing

前缀：glob：在 selenium 中只支持两种特殊匹配字符。

- *：可以被理解为 anything，可以匹配无、单个字符、若干字符，如图 2-30 所示。
- []：匹配 [] 中包含的任一单个字符，如 [abcdef]，代表匹配 a 到 f 的小写字符（注意区分大小写），可以使用 "-" 来代表一定范围内的字符集（在 ACCII 中相连的），如 [a-f]。

Command	Target	Value
open	/	
clickAndWait	link=渠道和功能	
clickAndWait	link=客户案例	
验证页面Title是否正确		
verifyTitle	glob:* Ping++	
clickAndWait	link=注册	
type	id=email	selenium_ide@pingxx.com
click	id=forAgree	
click	id=registerBtn	

图 2-30　glob 的用法

regular expression（正则表达式）

前缀：regexp:或者 regexpi：，前者区分大小写，后者不区分大小写。

对于正则表达式，你一定不陌生，作为匹配模式，它是最强大、最灵活的。在 Selenese 中，正则表达式可以完成其他匹配模式比较难以完成的任务。例如，regexp: [0-9]+ 表明只允许数字，如图 2-31 所示。

Command	Target	Value
open	/	
clickAndWait	link=渠道和功能	
clickAndWait	link=客户案例	
验证页面Title是否正确		
verifyTitle	regexp:客户案例.*	
clickAndWait	link=注册	
type	id=email	selenium_ide@pingxx.com
click	id=forAgree	
click	id=registerBtn	

图 2-31　regexp 的用法

exact patterns

前缀：exact：当你需要找到*、[]、{}这样的特殊字符时，就需要用到 exact 匹配模式。

5. Rollup

在实际工作中,往往需要在多个 Test Cases 中加入多个相同的步骤,比如作为前置条件的登录等。那么,是不是要复制相同的步骤到每个 Test Case 中?Selenium IDE 的 Rollup 功能为我们提供了更好的解决方案。

Rollup 的做法是,将 Test Cases 中的相同步骤抽离出来,把它们在 JavaScript 文件中定义好,之后将这个 js 文件作为 user-extension 导入 Selenium IDE 中。导入之后,在 js 文件中定义的多个步骤看起来就像是一个步骤似的被 Test Case 调用。

下面是一个简单的 Rollup 范例,将登录步骤合并为一步,具体步骤如下。

步骤 01 将登录操作的源码保存为 loginCommandsRollup.js 文件。

```
var manager = new RollupManager);
manager.addRollupRule{
    //name,description,pre,post 中描述了 Rollup 的基本属性,在 IDE 中,选中 Rollup 行,在下
方的 Rollup 面板中可以看到,便于用户了解该 Rollup
    name: 'loginCommandsRollup',    //Rollup 的名字,在引入该 Rollup 时使用
    description: 'Combine login commands.',    //描述,介绍该 Rollup 的功能
    pre: 'The Dashboard works.The username and password is correct.', //执行该 Rollup 的前提条件
    post:'The user login Dashboard successfully.',   //执行该 Rollup 的结果
    args: [],
    commandMatchers: [],
    getExpandedCommands: functionargs) {
        var commands = [];   //定义一个 Rollup 包含的 Step 列表
        //如下为 Rollup 包含的 Step,按照顺序,依次被执行,每个 Step 包含 3 个字段,command、
target、value,在此不再赘述
        commands.push{
            command: 'open',
            target: '/',
            value: ''
        });
        commands.push{
            command: 'clickAndWait',
            target: 'link=登入',
            value: ''
        });
        commands.push{
            command: 'type',
```

```
            target: 'id=username',
            value: '*********'
        });
        commands.push{
            command: 'type',
            target: 'id=password',
            value: '*********'
        });

        commands.push{
            command: 'click',
            target: 'id=loginBtn',
            value: ''
        });
        return commands;
    }
});
```

步骤 02 打开 Selenium IDE，进入 options-options…-General，如图 2-32 所示。单击 Selenium Core extensions.js(user-extensions.js) 一栏的 Browser 按钮，选中本地的 js 文件，即可导入 Selenium Core extentions 中。

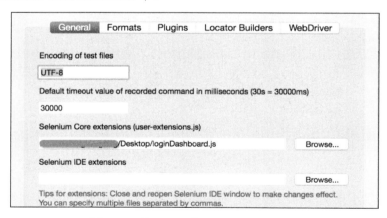

图 2-32　导入 js 文件，以供 Rollup 使用

步骤 03 回到 Selenium IDE 面板，添加 Step，Commands 填写 rollup，Target 填写上述 .js 文件中的 name，即 loginCommandsRollup，这样便完成了 Rollup 的添加。

步骤 04 选中 Rollup 行，切换至 Rollup 面板，即可看到详情，一目了然，如图 2-33 所示。

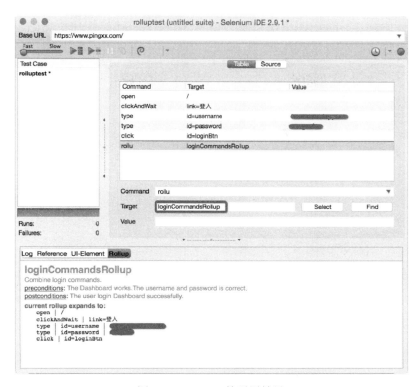

图 2-33　Rollup 的引用效果

另外，如图 2-34 所示，你也可以单击工具栏中的 Apply rollup rules，直接添加 Rollup。

图 2-34　添加 Rollup 的对话框

可以看到，原本包含多个步骤的登录操作被合并成一个步骤了。这样做不但简化了脚本结构，还可以在不同的 Test Case 中引入这个 Rollup，提高了重用性，降低了维护成本。

添加 Rollup 扩展之后，需要重启 Selenium IDE 方可生效。

Rollup 只适用于 Selenium IDE 界面,导出的各个语言的脚本均不支持 Rollup,比如 Python 报错如下:

ERROR: Caught exception [ERROR: Unsupported command [rollup | loginCommandsRollup |]]

6. 导出脚本

Selenium IDE 支持将 Test Case 导出为 C#、Java、Python 2、Ruby 脚本(其中不支持将 Test Suite 导出为 Python 脚本)。下面以导出基于 Python 的 unitest 框架及 WebDriver 的脚本为例来介绍具体的操作步骤。

步骤01 如图 2-35 所示,录制脚本已经准备好,该脚本实现登录 Ping++ 管理平台并进入企业账户的测试场景。

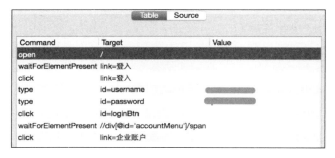

图 2-35 录制脚本已准备好

步骤02 如图 2-36 所示,进入 File,选择 Export Test Case As... → Python 2/unittest/WebDriver,扩展名为 .py,保存至本地。

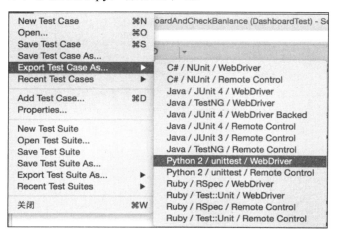

图 2-36 File 菜单

步骤 03 查看导出的脚本，代码如下：

```python
# -*- coding: utf-8 -*-
from selenium import webdriver
from selenium.webdriver.common.by import By
from selenium.webdriver.common.keys import Keys
from selenium.webdriver.support.ui import Select
from selenium.common.exceptions import NoSuchElementException
from selenium.common.exceptions import NoAlertPresentException
import unittest, time, re

class LoginDashboardAndCheckBalance(unittest.TestCase):
    def setUp(self):
        self.driver = webdriver.Firefox()
        self.driver.implicitly_wait(30)
        self.base_url = "https://www.pingxx.com/"
        self.verificationErrors = []
        self.accept_next_alert = True
    
    def test_login_dashboard_and_check_balance(self):
        driver = self.driver
        # open | / |
        driver.get(self.base_url + "/")
        # assertTitle | Ping++ 聚合支付系统 | 支付宝 微信支付 分期 Apple Pay |
        self.assertEqual(u"Ping++ 聚合支付系统 | 支付宝 微信支付 分期 Apple Pay", driver.title)
        # click | link=登入 |
        driver.find_element_by_link_text(u"登入").click()
        # waitForTitle | 管理平台 | Ping++ |
        for i in range(60):
            try:
                if u"管理平台 | Ping++" == driver.title: break
            except: pass
            time.sleep(1)
        else: self.fail("time out")
        # store | ********** | username
        username = "**********"
        # store | ******** | password
```

```
password = "********"
# type | id=username | ${username}
driver.find_element_by_id("username").clear()
driver.find_element_by_id("username").send_keys(username)
# type | id=password | ${password}
driver.find_element_by_id("password").clear()
driver.find_element_by_id("password").send_keys(password)
# click | id=loginBtn |
driver.find_element_by_id("loginBtn").click()
# 等待账户入口出现
# waitForElementPresent | id=accountMenu |
for i in range(60):
    try:
        if self.is_element_present(By.ID, "accountMenu"): break
    except: pass
    time.sleep(1)
else: self.fail("time out")
# verifyVisible | id=accountMenu |
try: self.assertTrue(driver.find_element_by_id("accountMenu").is_displayed())
except AssertionError as e: self.verificationErrors.append(str(e))
# click | //div[@id='accountMenu']/span |
driver.find_element_by_xpath("//div[@id='accountMenu']/span").click()
# click | link=企业账户 |
driver.find_element_by_link_text(u"企业账户").click()
# waitForVisible | class=text-blue balance_charge |
# ERROR: Caught exception [Error: unknown strategy [class] for locator [class=text-blue balance_charge]]
# waitForElementPresent | css=a.active |
for i in range(60):
    try:
        if self.is_element_present(By.CSS_SELECTOR, "a.active"): break
    except: pass
    time.sleep(1)
else: self.fail("time out")
# click | css=a.active |
driver.find_element_by_css_selector("a.active").click()
# waitForVisible | css=span.text-blue.balance_details |
for i in range(60):
```

```python
            try:
                if driver.find_element_by_css_selector("span.text-blue.balance_details").is_displayed(): break
            except: pass
            time.sleep(1)
        else: self.fail("time out")
        # click | css=span.text-blue.balance_details |
        driver.find_element_by_css_selector("span.text-blue.balance_details").click()
        # 等待余额明细可见
        # waitForElementPresent | id=balance_details |
        for i in range(60):
            try:
                if self.is_element_present(By.ID, "balance_details"): break
            except: pass
            time.sleep(1)
        else: self.fail("time out")
    
    def is_element_present(self, how, what):
        try: self.driver.find_element(by=how, value=what)
        except NoSuchElementException as e: return False
        return True
    
    def is_alert_present(self):
        try: self.driver.switch_to_alert()
        except NoAlertPresentException as e: return False
        return True
    
    def close_alert_and_get_its_text(self):
        try:
            alert = self.driver.switch_to_alert()
            alert_text = alert.text
            if self.accept_next_alert:
                alert.accept()
            else:
                alert.dismiss()
            return alert_text
        finally: self.accept_next_alert = True
```

```
    def tearDown(self):
        self.driver.quit()
        self.assertEqual([], self.verificationErrors)
if __name__ == "__main__":
    unittest.main()
```

上述脚本中，除了实际的操作步骤之外，末尾还有一些附加的代码，这些代码是可在 IDE 中设置的。具体的设置方法是，进入 Option→Option...→Formats，选择 Python 2/unittest/WebDriver，如图 2-37 所示，可自定义 Header、Footer、Indent、Show Selenese 等，以及关于 Selenium RC 的配置。

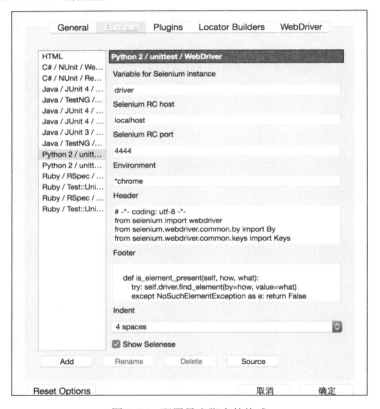

图 2-37　配置导出脚本的格式

在此介绍的 Selenium IDE 应用只是 Selenium 家族的冰山一角。

你会发现，Selenium IDE 可快速上手，方便新手入门，但也恰恰因为它的简易，只能录制、管理比较简单的测试用例，不能作为开发和维护复杂测试集合的解决方案。后续我们将了解 Selenium 家族的其他成员，希望本小节已经开启你学习 Selenium 的大门。

2.4　Selenium WebDriver

如果 Selenium IDE 已经让你度过了自动化测试的破冰期，那么接下来要学习的 Selenium WebDriver 会让你开阔视野，帮助我们处理更加复杂的测试场景。Selenium WebDriver 提供了一套友好的 API，支持 Java、Python、Ruby 和 C#等多种编程语言来创建测试脚本。为了突出 Selenium WebDriver 的设计思想，弱化编程语言本身对测试脚本的影响，本节将从工作原理入手，在场景演练环节分别介绍 Python 和 Java 两门语言的入门示例。

2.4.1　工作原理

Selenium WebDriver 是调用浏览器的原生接口来操作浏览器的。也就是说，测试脚本操作浏览器的过程就是在测试脚本中创建 WebDriver 对象，再通过这个对象调用 WebDriver API 来访问浏览器接口，从而操作浏览器的过程。

如图 2-38 所示，我们在测试脚本中使用 Selenium WebDriver，无论是哪种平台、哪种浏览器，处理逻辑都是通过一个 ComandExecutor 发送命令，实际上就是一条发送给 Web Service 的 HTTP 请求。Web Service 是基于特定 WebDriver Wire 协议的 RESTful 接口，测试脚本通知浏览器要做的操作都包含于发送给 Web Service 的 HTTP 请求体中。

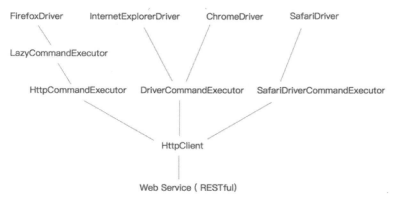

图 2-38　Selenium WebDriver 实现原理

不同浏览器的 WebDriver 子类（FirefoxDriver、InternetExplorerDriver、ChromeDriver、SafariDriver 等）都需要依赖特定的浏览器原生组件，例如 Firefox 需要附加组件 webdriver.xpi。而 IE 需要用到一个 dll 文件来转化 Web Service 的命令为浏览器调用。

以下是 Selenium HttpCommandExecutor 类的部分代码。里面维护了一个 Map，它会将简单的命令转化为相应的请求 URL。当 RESTful Web Service 接收到 HTTP 请求后，它便解析出需要执行的操作。同时，代码还表现出：请求是基于 sessionId 的，这意味着不同 WebDriver 对象在多线程并行的时候不会有冲突和干扰。

```
nameToUrl = ImmutableMap.<String, CommandInfo>builder()
        .put(NEW_SESSION, post("/session"))
        .put(QUIT, delete("/session/:sessionId"))
        .put(GET_CURRENT_WINDOW_HANDLE, get("/session/:sessionId/window_handle"))
        .put(GET_WINDOW_HANDLES, get("/session/:sessionId/window_handles"))
        .put(GET, post("/session/:sessionId/url"))

        // The Alert API is still experimental and should not be used.
        .put(GET_ALERT, get("/session/:sessionId/alert"))
        .put(DISMISS_ALERT, post("/session/:sessionId/dismiss_alert"))
        .put(ACCEPT_ALERT, post("/session/:sessionId/accept_alert"))
        .put(GET_ALERT_TEXT, get("/session/:sessionId/alert_text"))
        .put(SET_ALERT_VALUE, post("/session/:sessionId/alert_text"))
```

Selenium WebDriver 把这些逻辑都封装了起来，我们只需要关心 driver 对象的创建以及调用 driver 对象的哪个方法来操作页面元素。

2.4.2 元素定位

元素定位，即通过元素特有的属性唯一确定元素的过程。比如说，页面上有标签、文本框、按钮等多个元素，我们要编写脚本来实现按钮的点击操作。在编写 Selenium WebDriver 脚本之前，首先要了解如何让浏览器"知道"我们将要操作的是哪个元素。

1. 常见的元素定位方法

页面中的元素定位是使用 DOM 元素属性进行实现的，使用 Firefox 浏览器的 Firebug 插件或 Chrome 浏览器的 Inspector（检查器）可以很方便地来定位元素，并查看元素属性，如图 2-39 所示。

下面介绍常见的元素定位方法。注意，Selenium WebDriver 脚本是基于 WebDriver 对象的，这里为了演示元素定位而跳过了 WebDriver 对象的创建，直接引用了 WebDriver 对象（driver）。2.4.3 场景演练中有 WebDriver 对象的创建语句，第 3 章详细介绍了不同类型的 WebDriver 对象。

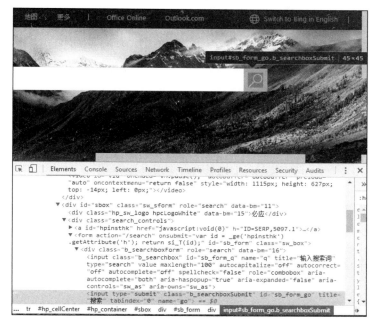

图 2-39　使用 Chrome Inspector 查看元素属性

- ID：根据 DOM 元素的 ID 属性定位。例如以下元素及相应定位方法：

<div id="pingxx">...</div>

WebElement element = driver.findElement(By.id("pingxx "));

- Name：根据 DOM 元素的 Name 属性定位。

<input name="pingxx" type="text"/>
WebElement element = driver.findElement(By.name("pingxx"));

- ClassName：根据 DOM 元素的 Class 属性定位。例如以下元素及相应定位方法：

<div class="test"><span>Pingxx</span></div><div class="test"><span>Gouda</span></div>

List<WebElement> tests = driver.findElements(By.className("test"));

- TagName：根据 DOM 元素的 TagName 定位。例如以下元素及相应定位方法：

<iframe src="..."></iframe>

WebElement frame = driver.findElement(By.tagName("iframe"));

- LinkText：根据 DOM 元素（link）的文本内容定位。例如以下元素及相应定位方法：

```
<a href="http://www.google.com/search?q=pingxx">searchPingxx</a>

WebElement cheese = driver.findElement(By.linkText("searchPingxx"));
```

- PartialLinkText：根据 DOM 元素（link）的部分文本内容定位。例如以下元素及相应定位方法：

```
<a href="http://www.google.com/search?q=pingxx">search for Pingxx</a>

WebElement cheese = driver.findElement(By.partialLinkText("Pingxx"));
```

- CssSelector：根据 CSS 选择器定位元素。

```
<div id="food"> <span class="dairy">milk</span> <span class="dairy aged">cheese</span> </div>

WebElement cheese = driver.findElement(By.cssSelector("#food span.dairy.aged"));
```

- XPath：使用 XPath 定位元素。在 Firefox 浏览器中可以下载 firebug 插件或 firepath 插件来直接获得元素的 XPath。

```
<input type="text" name="example" />
<input type="text" name="other" />

List<WebElement> inputs = driver.findElements(By.xpath("//input"));
```

2. 如何选择定位方法

前面介绍了多种元素定位的方法，可谓"条条大道通罗马"。那么，在实际项目中，如何选择最适合的定位方法呢？这是测试脚本的编写者经常会面临的问题。

（1）当页面元素存在 id 属性时，一般使用 id 来定位，因为 id 具有唯一性，可以直接定位到这个元素。然而，在实际项目中，有时会出现缺少标准属性（例如没有 id 属性或者某些元素的 id 是动态的）、页面刷新会改变等情况，这时就只能选择其他属性来定位。

（2）如果这个元素不存在诸如 id 这类唯一值的属性，也就是说，我们不方便通过某个值直接定位到这个元素。那么，可以转变思路：先找到一类元素，再通过具体的顺序位置定位到某一个元素。一般在这种情况下，可以考虑用 TagName 或 ClassName。当有链接需要定位时，可以考虑 linkText 或 partialLinkText 方式。代码里可以直接看到链接的文本内容，增强代码的可读性，便于维护。

（3）XPath 定位很强大，但定位性能不是很好，且可读性也会变差。例如这一段代码：

driver.findElement(By.id("btn_login")).click();

上述语句可以很明确地看出是在单击"登录"按钮进行登录操作，若使用 XPath，这句则变成：

driver.findElement(By.xpath("/html/body/div[2]/div/div/div[3]/a[7]")).click();

显然后者的表述形式不够简明。另一方面，如果页面上的元素位置做了调整，即元素路径变了，那么使用 XPath 的脚本也要调整，这说明大量使用 XPath 的测试脚本维护成本很高。因此建议只有在少数元素不好定位的情况下，选择 XPath 或 cssSelector。

（4）上面提到的均是 Selenium WebDriver 自带的元素定位方法，在一些特殊情况下，它们或许都无法满足我们的需求。但是，我们可以另辟蹊径，用 JavaScript 来操作元素。Selenium WebDriver 提供了执行 JavaScript 语句的方法，可以直接调用。由于这种方式需要一定的 JavaScript 功底，笔者这里不做详细介绍，7.2.2 小节代码示例中有所涉及。

2.4.3 场景演练

下文将以"Bing 搜索"为例介绍 Selenium WebDriver 编写测试脚本的整个过程。采用 Java 和 Python 两门语言作为示例代码。

1. 环境准备

（1）确保编程语言的运行环境是可用的。

- Java：不论你是否要写 Java 代码，最好都先准备 JRE 环境，2.2 小节提到过 RemoteWebDriver，它依赖一个启动 Jar 包 Selenium Server，而在 2.4 节中我们也会用到 Jar 包。访问 http://www.oracle.com/technetwork/java/javase/downloads 可下载最新版本的 JDK。
- Python：如果你选择 Python 作为测试脚本的语言，可访问 https://www.python.org/downloads/下载安装包。由于 Python 2 与 Python 3 不能完全兼容，请选择合适的 Python 版本下载。本书的示例代码均在 2.7.8 版本中执行成功。

（2）下载该编程语言对应的 Selenium 包，又称为 Selenium Language Binding Package，如图 2-40 所示。下载地址：http://docs.seleniumhq.org/download/。如果你使用 Python，并且安装了 pip，可使用 pip install selenium 命令下载。

Selenium Client & WebDriver Language Bindings

In order to create scripts that interact with the Selenium Server (Selenium RC, Selenium Remote WebDriver) or create local Selenium WebDriver scripts, you need to make use of language-specific client drivers. These languages include both 1.x and 2.x style clients.

While language bindings for other languages exist, these are the core ones that are supported by the main project hosted on google code.

Language	Client Version	Release Date			
Java	3.0.1	2016-10-18	Download	Change log	Javadoc
C#	3.0.0	2016-10-13	Download	Change log	API docs
Ruby	3.0.0	2016-10-13	Download	Change log	API docs
Python	Selenium 3.0.0.b2	2016-08-03	Download	Change log	API docs
Javascript (Node)	3.0.0-beta-2	2016-08-07	Download	Change log	API docs

图 2-40 WebDriver 各个语言包的下载页面

（3）目标浏览器以及相应的 Driver 文件。因浏览器的不同，Driver 文件的形式和用法也不同。各个 Driver 对象的介绍将在第 3 章中详细说明。下文示例中将使用 FireFoxDrvier，无须额外下载 Driver 文件，只需要 Firefox 浏览器安装完成即可。

2. Python 篇：Selenium WebDriver 脚本

测试场景：在 http://cn.bing.com/中搜索关键字 WebDriver。

具体步骤：

步骤 01 在脚本中导入 Selenium Python 包。

步骤 02 创建 Firefox 的 WebDriver 对象。

步骤 03 调用 get 方法打开 Bing 页面。

步骤 04 找到搜索文本框，输入 WebDriver。

步骤 05 单击“搜索”按钮。

步骤 06 调用 quit 方法关闭页面，结束测试。

```
from selenium import webdriver
driver =webdriver.Firefox()
driver.get("http://cn.bing.com/")
driver.find_element_by_id("sb_form_q").send_keys("WebDriver")
driver.find_element_by_id("sb_form_go").click()
driver.quit()
```

将上述代码保存为 Python 文件即可执行。这是一个最简单的示例，既没有考虑页面加载所需的等待时间，也没有考虑输出测试结果。希望通过这个示例能让你感受到 Selenium WebDriver 的入门非常简单。至于下面的 Java 篇，是希望让你了解，对于不同的编程语言，Selenium WebDriver 的使用也非常类似。无论你在实际工作中使用的是 Python 还是 Java，抑或是其他语言，本书各个示例都有一定的参考价值。

3. Java 篇：Selenium WebDriver 脚本

（1）创建测试用例

使用 Selenium WebDriver 原本与单元测试框架并没有直接的关系，本节引入 JUnit 单元测试框架，可以方便生成报告、进行代码注解等。

在 Eclipse 的测试项目中新建一个 JUnit Test Case，选择 New JUnit 4 test 类型创建，如图 2-41 所示。Eclipse 一般会自带 JUnit4 的 Jar 包，只需在单击 Finish 后弹出的窗口中单击"确定"按钮即可。如图 2-42 所示，JUnit 包已经添加到项目中了。

图 2-41　新建 Test Case

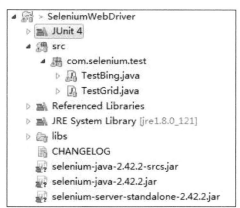

图 2-42　测试项目的文件结构

（2）编写测试脚本

创建成功后就可以在 TestBing.java 中写入测试代码了，代码如下。这里为了方便，使用了 Thread.sleep(2000); 作为等待处理，关于 Selenium WebDriver 的 Wait 写法，参见 2.4.4 小节。

```
package com.selenium.test;
import org.junit.*;
import org.openqa.selenium.*;
import org.openqa.selenium.chrome.ChromeDriver;
import org.openqa.selenium.firefox.FirefoxDriver;
```

```java
public class TestBing {
    private WebDriver driver;
    private String baseUrl;

@Before
    public void setUp() throws Exception {
        driver = new FirefoxDriver();
        baseUrl = "http://cn.bing.com/";
    }

@Test
    public void testBing() throws Exception {
        driver.get(baseUrl);
        Thread.sleep(2000);

        driver.findElement(By.id("sb_form_q")).sendKeys("WebDriver");
        driver.findElement(By.id("sb_form_go")).click();
    }

@After
    public void tearDown() throws Exception {
        driver.quit();
    }
}
```

（3）运行测试脚本

运行此程序时，需要在 TestBing.java 上右击，然后在弹出的快捷菜单中依次单击 Run As→JUnit Test。

以上述代码为例，若执行成功，则会弹出火狐浏览器，自动打开必应首页并输入关键字进行搜索，之后浏览器自动退出，测试结束，如图 2-43 所示。

图 2-43　脚本的执行结果

2.4.4 Wait

在 2.3.3 小节 Selenese 中,我们已经了解了 Selenium IDE 提供的 Wait 方法。接下来,将学习 Wait 在 Selenium WebDriver 中的写法。

1. 显式等待

显式等待(Explicit Wait)就是提供了明确的等待条件,若条件满足,则不再等待,继续执行后续代码。例如,我们需要清空 id 属性为 sb_form_q 的文本框内容,用 Java 代码可以写为:

```
driver.findElement(By.id("sb_form_q")).clear();
```

为了避免在页面加载过程中因 sb_form_q 元素未出现导致代码执行失败,我们可以增加 Wait 条件,等待 sb_form_q 元素出现之后,再做清空操作。其代码如下:

```
WebElement searchElement = (new WebDriverWait(driver,10)).until(new ExpectedCondition<WebElement>(){
    public WebElement apply (WebDriver wd){
            return wd.findElement(By.id("sb_form_q"));
        }
    });
searchElement.clear();
```

在上述代码中,时间设置为最多等待 10 秒,超时会抛出异常 TimeoutException。在这 10 秒内,WebDriverWait 默认每隔 500 毫秒调用一次 ExpectedCondition 来确认是否找到元素。

2. 隐式等待

隐式等待(Implicit Wait)没有明确设定在何时开始等待,它相当于设置了全局范围的等待,对所有元素设置等待时间,在 WebDriver 对象的整个生命周期中生效。若不设置,则默认为 0。

代码如下,在初始化方法中,设置了全局 30 秒等待时间:

```
@Before
  public void setUp() throws Exception {
     driver = new FirefoxDriver();
     baseUrl = "https://www.xxx.com";
driver.manage().timeouts().implicitlyWait(30, TimeUnit.SECONDS);
  }
```

2.4.5 常用的断言

表 2-1 罗列了 Selenium WebDriver 常用的断言方法，并附上 Selenium IDE 中对应的 Selenese 命令作为对照。

表2-1 Selenium WebDriver常用的断言方法

断言	Selenium IDE	Selenium WebDriver
判断标题是否是期望值	assertTitle	assertEquals("expectedWebTitle", driver.getTitle());
判断标题是否不是期望值	assertNotTitle	assertThat("expectedWebTitle", is(not(driver.getTitle()))));

判断标题是否是期望值（Verify 断言失败，测试过程不中断）	verifyTitle	try {
		    assertEquals("expectedWebTitle", driver.getTitle());
		} catch (Error e) {
		    verificationErrors.append(e.toString());
		}

判断标题是否不是期望值（Verify 断言失败，测试过程不中断）	verifyNotTitle	try {
		    assertThat(" expectedWebTitle ", is(not(driver.getTitle()))));
		} catch (Error e) {
		    verificationErrors.append(e.toString());
		}

判断当前 URL 是否是期望值	assertLocation	assertEquals("http://expectedURL/", driver.getCurrentUrl());
判断输入框的值是否是期望值	assertValue	assertEquals("13800000000", driver.findElement(By.id("phoneNum")).getAttribute("value"));
判断文本框的内容是否是期望值	assertText	assertEquals("phoneNum：", driver.findElement(By.cssSelector("span.left")).getText());
判断选项是否已被勾选	assertChecked	assertTrue(driver.findElement(By.id("agree")).isSelected());
判断选项是否未被勾选	assertNotChecked	assertFalse(driver.findElement(By.id("agree")).isSelected());

（续表）

断言	Selenium IDE	Selenium WebDriver
判断某元素的某个属性是否是期望值	assertAttribute	assertEquals("password", driver.findElement(By.id("password")) .getAttribute("placeholder"));

判断某个元素是否出现（需要提前定义 isElementPresent() 方法）	assertElementPresent	assertTrue(isElementPresent(By.id("downloadBtn")));
		 private boolean isElementPresent(By by) {
		   try {
		     driver.findElement(by);
		     return true;
		   } catch (NoSuchElementException e) {
		     return false;
		   }
		 }

判断某个元素是否可见	assertVisible	assertTrue(driver.findElement(By.id("historyQueryBtn")) .isDisplayed());

2.5 Selenium Grid

随着对 Selenium IDE 和 Selenium WebDriver 的学习，我们已经了解了测试脚本的编写方法。接下来，将学习 Selenium Grid 的用法，利用这一分布式测试执行工具来提升脚本执行效率。

2.5.1 工作原理

当测试用例需要同时在多个平台和浏览器上执行时，就可以使用 Selenium Grid。如图 2-44 所示，其整个结构是由一个 Hub 节点和若干个 Node（代理节点）组成的。Hub 用来管理各个 Node 的状态，并且接受远程客户端代码的调用请求，再把请求命令转发给 Node 来执行。使用 Selenium Grid 远程执行测试代码与直接调用 Selenium Server 是一样的，只是环境启动的方式不一样，需要同时启动一个 Hub 和至少一个 Node。

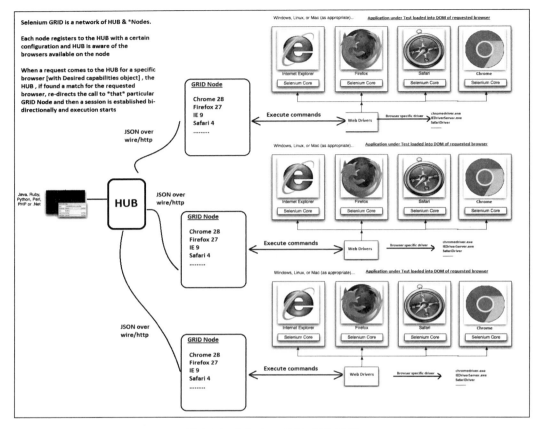

图 2-44　Selenium Grid 工作原理

2.5.2　环境搭建

首先需要为所有执行测试脚本的机器准备好 Selenium WebDriver 环境，可参考 2.4.3 小节。之后就可以开始准备 Selenium Grid 环境了。

1．启动 Hub

启动命令为：

```
java -jar selenium-server-standalone-x.xx.x.jar -role hub
```

如图 2-45 所示，这里使用的是 selenium-server-standalone-2.42.2.jar。

启动 Hub 的机器可以是任意一台有 Java 运行环境的机器，它是整个 Selenium Grid 的中枢节点，所有的远程测试都会经由它转发出去，之后在对应的测试机器上执行测试。

```
sherryzhou:Selenium zhoumiaomiao$ java -jar selenium-server-standalone-2.42.2.jar -role hub
八月 28, 2016 9:13:51 下午 org.openqa.grid.selenium.GridLauncher main
信息: Launching a selenium grid server
2016-08-28 21:13:52.127:INFO:osjs.Server:jetty-7.x.y-SNAPSHOT
2016-08-28 21:13:52.164:INFO:osjsh.ContextHandler:started o.s.j.s.ServletContextHandler{/,null}
2016-08-28 21:13:52.171:INFO:osjs.AbstractConnector:Started SocketConnector@0.0.0.0:4444
```

图 2-45　Selenium Grid——启动 Hub

图 2-46 显示默认端口是 4444，可在启动时通过-port 参数来指定端口。若可以成功访问 http://<your_hub_host>:4444/，则说明 Hub 已被成功启动。单击页面中的 console 可以查看所有节点详情（进入 console 的时候速度很慢，需要耐心等待一段时间），此时尚未启动节点，因此里面是空白的，没有节点信息。

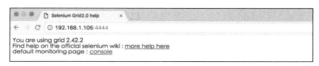

图 2-46　查看默认端口的 Hub 是否启动成功

2. 启动 Node

在测试机器上打开一个终端，执行以下命令，如图 2-47 所示。

```
java -jar selenium-server-standalone-x.xx.x.jar -role node -hub http:// <your_hub_host>:4444/grid/register -port 4000
```

```
管理员: C:\Windows\system32\cmd.exe - java -jar selenium-server-standalone-2.42.2.jar -r...
D:\selenium>java -jar selenium-server-standalone-2.42.2.jar -role node -hub http
://192.168.1.105:4444/grid/register -port 4000
八月 28, 2016 9:22:05 下午 org.openqa.grid.selenium.GridLauncher main
信息: Launching a selenium grid node
21:22:09.125 INFO - Java: Oracle Corporation 25.101-b13
21:22:09.126 INFO - OS: Windows 7 6.1 amd64
21:22:09.134 INFO - v2.42.2, with Core v2.42.2. Built from revision 6a6995d
21:22:09.245 INFO - RemoteWebDriver instances should connect to: http://127.0.0.
1:4000/wd/hub
21:22:09.247 INFO - Version Jetty/5.1.x
21:22:09.249 INFO - Started HttpContext[/selenium-server,/selenium-server]
21:22:09.252 INFO - Started org.openqa.jetty.jetty.servlet.ServletHandler@4fcd19
b3
21:22:09.253 INFO - Started HttpContext[/wd,/wd]
21:22:09.254 INFO - Started HttpContext[/selenium-server/driver,/selenium-server
/driver]
21:22:09.255 INFO - Started HttpContext[/,/]
21:22:09.260 INFO - Started SocketListener on 0.0.0.0:4000
21:22:09.260 INFO - Started org.openqa.jetty.jetty.Server@71423665
21:22:09.262 INFO - using the json request : {"capabilities":[{"seleniumProtocol
":"Selenium","browserName":"*firefox","maxInstances":5,"platform":"VISTA"},{"sel
eniumProtocol":"Selenium","browserName":"*googlechrome","maxInstances":5,"platfo
rm":"VISTA"},{"seleniumProtocol":"Selenium","browserName":"*iexplore","maxInstan
ces":1,"platform":"VISTA"},{"seleniumProtocol":"WebDriver","browserName":"firefo
x","maxInstances":5,"platform":"VISTA"},{"seleniumProtocol":"WebDriver","browser
Name":"chrome","maxInstances":5,"platform":"VISTA"},{"seleniumProtocol":"WebDriv
er","browserName":"internet explorer","maxInstances":1,"platform":"VISTA"}],"con
figuration":{"proxy":"org.openqa.grid.selenium.proxy.DefaultRemoteProxy","role":
"node","hub":"http://192.168.1.105:4444/grid/register","port":4000,"remoteHost":
"http://192.168.1.111:4000","host":"192.168.1.111","maxSession":5,"hubHost":"192
.168.1.105","registerCycle":5000,"hubPort":4444,"url":"http://192.168.1.111:4000
","register":true},"class":"org.openqa.grid.common.RegistrationRequest"}
21:22:09.278 INFO - Starting auto register thread. Will try to register every 50
00 ms.
21:22:09.279 INFO - Registering the node to hub :http://192.168.1.105:4444/grid/
register
```

图 2-47　Selenium Grid – 指定端口启动

-hub http:// <your_hub_host>:4444/grid/register 用于 Node 注册，即当前的测试机器作为上一步 Hub 的 Node。-port 参数是可选的，用于指定 Node 注册时的端口，若不加-port 端口号，则默认是从 5555 端口启动。

若要为 Hub 启动多个 Node，要注意为每个 Node 分配不同的端口。

```
java -jar selenium-server-standalone-x.xx.x.jar -role node -port 4000
java -jar selenium-server-standalone-x.xx.x.jar -role node -port 4001
java -jar selenium-server-standalone-x.xx.x.jar -role node -port 4002
```

3. 查看 Selenium Grid 状态

当 Hub 与 Node 都启动成功后，可以通过 Hub 的 Console 页面查看当前 Selenium Grid 的状态，直接访问地址 http:// <your_hub_host>:4444/grid/console。

如图 2-48 所示，页面显示了可用于测试的 Node 数量和类型，这里显示的数量与类型和启动 Node 时所带的配置参数有关。启动 Node 其实就是一个注册过程，启动时所带的参数会被 Hub 记录为注册信息，所以页面中所看到的信息就是 Node 注册信息的汇总。

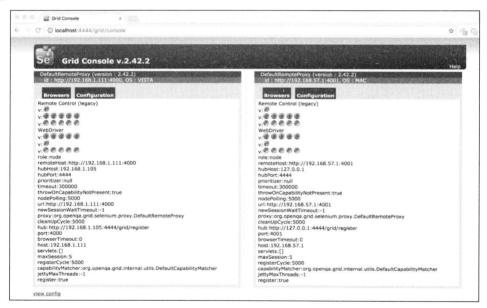

图 2-48　查看所有节点的注册信息

4. 代码运行

当 Hub 和 Node 都已设置完毕，且 WebDriver 环境已搭建完成时，便可以在代码里进行调用了。下面以简单的必应搜索功能为例来说明如何调用使用 4000 端口的 Node 机器，代码如下：

```java
package com.selenium.test;
import java.net.MalformedURLException;
import java.net.URL;
import org.junit.*;
import org.openqa.selenium.*;
import org.openqa.selenium.ie.InternetExplorerDriver;
import org.openqa.selenium.remote.DesiredCapabilities;
import org.openqa.selenium.remote.RemoteWebDriver;
import org.openqa.selenium.support.ui.ExpectedCondition;
import org.openqa.selenium.support.ui.WebDriverWait;
public class TestGrid {
    private String baseUrl;
    @Test
    public void testGrid() throws Exception {
        baseUrl = "http://cn.bing.com/";
        DesiredCapabilities capability =new DesiredCapabilities();
        capability.setBrowserName("firefox");
        capability.setPlatform(Platform.VISTA);
        WebDriver driver=null;
        try {
            driver = new RemoteWebDriver(new
                URL("http://192.168.1.111:4000/wd/hub"),capability);
                    //your_node_ip : port
            }
                catch (MalformedURLException e) {
                e.printStackTrace();
        }

        driver.get(baseUrl);

        WebElement searchElement = (new WebDriverWait(driver,10)).until(new ExpectedCondition<WebElement>(){
            public WebElement apply (WebDriver wd){
                return wd.findElement(By.id("sb_form_q"));
            }
```

```
            });
            
            searchElement.clear();
            searchElement.sendKeys("WebDriver");
            driver.findElement(By.id("sb_form_go")).click();
            
            driver.quit();
        }
    }
```

2.6 小　　结

本章虽然是入门环节，但是涵盖了 Selenium 的多个方面。

- Selenium IDE 方便上手，但是有一定的局限性。可以利用 Rollup 提高脚本的复用。
- Selenium WebDriver 要求有编程基础，要求测试人员在写脚本的过程中像开发人员那样调试、定位脚本中的问题。
- Selenium Grid 用于分布式测试，依赖 Java 运行环境。

2.7 练　　习

（1）选择自己熟悉的语言，准备登录场景的测试脚本（比如 QQ 邮箱登录）。

- 根据 Id、CSS 属性、Xpath 等多种方式定位元素。
- 使用 Selenium IDE 录制与 WebDriver 两种方式准备脚本。
- 设置检查点，比如验证页面标题。

（2）Selenese 有哪几种类型？常用命令有哪些？

（3）思考：如果测试脚本报错"找不到元素（NoSuchElementException）"，可能的原因有哪些？

第 3 章

Selenium WebDriver

阅读官方文档和源码是系统性学习一门技术最好的方式。本章以 Selenium 官方文档为线索，在介绍 WebDriver API 之余进行场景演练。若无特别说明，本章的演示代码均采用 Python 语言。

官方文档地址：https://seleniumhq.github.io/selenium/docs/api/py/api.html

3.1 创建不同的 Driver 对象

第 2 章已经提到，Selenium WebDriver 测试脚本的第一步是实例化 WebDriver 对象。由于运行环境的不同，Selenium 提供了不同的 Drivers。本节介绍几类 Driver 实例化的方法。

3.1.1 主流浏览器

下文将介绍当前主流浏览器的 WebDriver 对象的创建方法，包括 Firefox、Chrome、IE（Edge）、Opera 和 Safari。

Firefox Driver 是最简单好用的 Driver，因为它包括在 binding package 中。也就是说，只要安装了 Python 的 Selenium 模块，在写脚本时就可以直接使用以下语句完成 Driver

实例化。其他非 Firefox 浏览器的 Driver 都需要额外进行下载和配置。Selenium 3.0 支持 Firefox 的最高版本为 Firefox 47.0.1。

```
from selenium import webdriver
driver = webdriver.Firefox()
```

由于 WebDriver 是通过向接口发起请求去驱动浏览器操作的，浏览器所存储的 Cookies、历史信息或用户在本地浏览器中的配置等信息在默认情况下不会加载。如果测试过程中需要这类特定的信息，需要先声明 FirefoxProfile，把它作为参数传入，从而完成 Driver 实例化。FirefoxProfile 就是通过 Firefox 的 about:config 接口设置各个选项（Preference）的值的。例如如下语句，其中 profile 的用意是指定下载目录为当前测试脚本所在的目录。

```
import os
from selenium import webdriver
fp = webdriver.FirefoxProfile()
fp.set_preference("browser.download.folderList",2)
fp.set_preference("browser.download.manager.showWhenStarting",False)
fp.set_preference("browser.download.dir", os.getcwd())
fp.set_preference("browser.helperApps.neverAsk.saveToDisk", "application/octet-stream")
driver = webdriver.Firefox(firefox_profile=fp)
```

有关 FirefoxProfile 的其他选项（Preference）可参考以下链接：

http://kb.mozillazine.org/About:config_entries

https://support.mozilla.org/en-US/products/firefox/customize/firefox-options-preferences-and-settings

Chrome Driver 支持 Mac、Linux、Windows 系统，如图 3-1 所示。

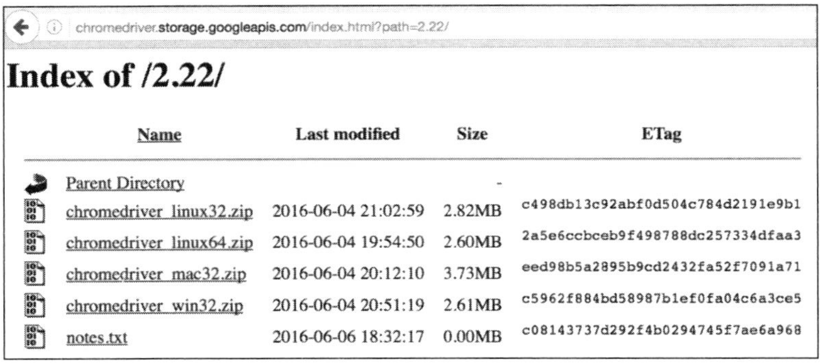
chromedriver.storage.googleapis.com/index.html?path=2.22/

Index of /2.22/

Name	Last modified	Size	ETag
Parent Directory		-	
chromedriver_linux32.zip	2016-06-04 21:02:59	2.82MB	c498db13c92abf0d504c784d2191e9b1
chromedriver_linux64.zip	2016-06-04 19:54:50	2.60MB	2a5e6ccbceb9f498788dc257334dfaa3
chromedriver_mac32.zip	2016-06-04 20:12:10	3.73MB	eed98b5a2895b9cd2432fa52f7091a71
chromedriver_win32.zip	2016-06-04 20:51:19	2.61MB	c5962f884bd58987b1ef0fa04c6a3ce5
notes.txt	2016-06-06 18:32:17	0.00MB	c08143737d292f4b0294745f7ae6a968

图 3-1　Chrome Driver 下载页面

下载地址：https://sites.google.com/a/chromium.org/chromedriver/downloads。

driver = webdriver.Chrome('/path/to/chromedriver')

IE Driver 仅支持 Windows 系统，分 32 位和 64 位，如图 3-2 所示。Edge 支持 Windows 10 系统，如图 3-3 所示。

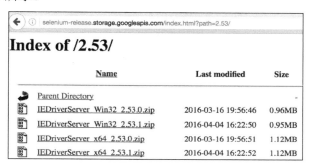

图 3-2　IE Driver 下载页面

图 3-3　Edge Driver 下载页面

IE 下载地址：http://selenium-release.storage.googleapis.com/index.html。

driver = webdriver.Ie("path_IEDriverServer.exe")

Edge 下载地址：https://developer.microsoft.com/en-us/microsoft-edge/tools/webdriver/。

driver = webdriver.Edge("path_MicrosoftWebDriver.exe")

Opera Driver 下载地址：https://github.com/operasoftware/operadriver/downloads。
创建 Opera Driver 对象的 Python 代码如下：

webdriver_service = service.Service('path/to/operadriver')
webdriver_service.start()

driver = webdriver.Remote(webdriver_service.service_url, webdriver.DesiredCapabilities.OPERA)

Safari Driver 目前仅支持 Mac 系统，因为 Apple 公司早在 2012 年就宣布 Safari 6.0 不再支持 Windows PC 端。2016 年 6 月 Safari 10 中，Apple 公司正式宣布支持 WebDriver。对于 Safari 9 而言，Safari Driver 的最新版本是随 Selenium 2.48.0 发布的，作为 Safari 扩展安装的 SafariDriver.safariextzin 文件。

下载地址：http://selenium-release.storage.googleapis.com/index.html。

在 Selenium 3.0.1 版本中，提供了对 Safari Technology Preview 浏览器[①]的支持。

3.1.2 Headless 浏览器

在无须页面渲染的情况下，我们可以使用没有图形界面的浏览器来提升脚本的运行速度。这一类浏览器又称为 Headless 或 GUI-Less 浏览器。确切地说，它们不是真正意义上的浏览器，而是通过命令行和网络通信的方式实现与 Firefox 等主流浏览器一样的 DOM 解析、运行 JavaScript 等功能。如果你的测试脚本在 Linux 服务器上运行，可以考虑使用它们。下面将详细介绍如何在测试脚本中使用这一类 Driver。

1. HtmlUnit Driver

HtmlUnit 是 Java 语言编写的程序，号称是当前最快的 Driver 实现。它的 JavaScript 引擎是 Rhino。由于 Rhino 没有被主流浏览器广泛使用，因此 HtmlUnit 处理 JavaScript 的结果可能与主流浏览器的处理结果有差异。

从 Selenium 2.53 开始，HtmlUnit driver 不再包含在 Selenium Server 中。因此，如果直接启动 Selenium Server，就会提示 Driver class not found，如图 3-4 所示。

以下是 HtmlUnit Driver 的使用步骤：

步骤 01 下载 HtmlUnit Driver，地址为 https://github.com/SeleniumHQ/htmlunit-driver/releases。

步骤 02 将下载好的 HtmlUnit Driver 部署到 Selenium Server 上，并启动 Selenium Server。其中 <server options> 为可选参数，你可以设置 Host IP 和端口号等。启动命令如下：

```
java -cp htmlunit-driver-standalone-2.21.jar:selenium-server-standalone-2.53.0.jar
org.openqa.grid.selenium.GridLauncher <server options>
```

htmlunit-driver-standalone-2.21.jar; selenium-server-standalone-2.53.0.jar 中间的 ":" 在 Windows 平台上要改成 ";"，如图 3-5 所示，不再提示之前找不到 HtmlUnit Driver 类的错误。

---

① Safari Technology Preview 是苹果公司针对开发者发布的浏览器。
https://developer.apple.com/safari/technology-preview/

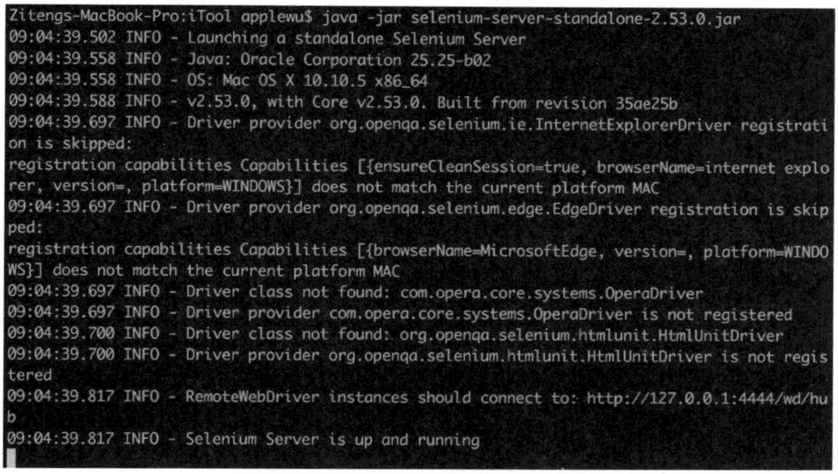

```
Zitengs-MacBook-Pro:iTool applewu$ java -jar selenium-server-standalone-2.53.0.jar
09:04:39.502 INFO - Launching a standalone Selenium Server
09:04:39.558 INFO - Java: Oracle Corporation 25.25-b02
09:04:39.558 INFO - OS: Mac OS X 10.10.5 x86_64
09:04:39.588 INFO - v2.53.0, with Core v2.53.0. Built from revision 35ae25b
09:04:39.697 INFO - Driver provider org.openqa.selenium.ie.InternetExplorerDriver registrati
on is skipped:
registration capabilities Capabilities [{ensureCleanSession=true, browserName=internet explo
rer, version=, platform=WINDOWS}] does not match the current platform MAC
09:04:39.697 INFO - Driver provider org.openqa.selenium.edge.EdgeDriver registration is skip
ped:
registration capabilities Capabilities [{browserName=MicrosoftEdge, version=, platform=WINDO
WS}] does not match the current platform MAC
09:04:39.697 INFO - Driver class not found: com.opera.core.systems.OperaDriver
09:04:39.697 INFO - Driver provider com.opera.core.systems.OperaDriver is not registered
09:04:39.700 INFO - Driver class not found: org.openqa.selenium.htmlunit.HtmlUnitDriver
09:04:39.700 INFO - Driver provider org.openqa.selenium.htmlunit.HtmlUnitDriver is not regis
tered
09:04:39.817 INFO - RemoteWebDriver instances should connect to: http://127.0.0.1:4444/wd/hu
b
09:04:39.817 INFO - Selenium Server is up and running
```

图 3-4　Selenium Server 找不到 HtmlUnitDriver 类

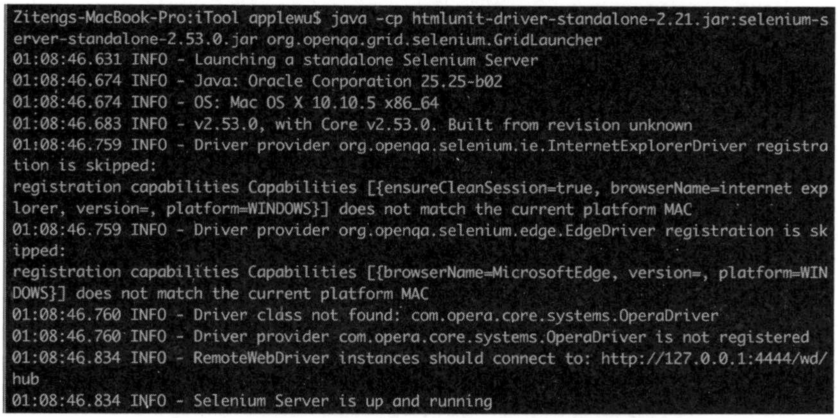

```
Zitengs-MacBook-Pro:iTool applewu$ java -cp htmlunit-driver-standalone-2.21.jar:selenium-s
erver-standalone-2.53.0.jar org.openqa.grid.selenium.GridLauncher
01:08:46.631 INFO - Launching a standalone Selenium Server
01:08:46.674 INFO - Java: Oracle Corporation 25.25-b02
01:08:46.674 INFO - OS: Mac OS X 10.10.5 x86_64
01:08:46.683 INFO - v2.53.0, with Core v2.53.0. Built from revision unknown
01:08:46.759 INFO - Driver provider org.openqa.selenium.ie.InternetExplorerDriver registra
tion is skipped:
registration capabilities Capabilities [{ensureCleanSession=true, browserName=internet exp
lorer, version=, platform=WINDOWS}] does not match the current platform MAC
01:08:46.759 INFO - Driver provider org.openqa.selenium.edge.EdgeDriver registration is sk
ipped:
registration capabilities Capabilities [{browserName=MicrosoftEdge, version=, platform=WIN
DOWS}] does not match the current platform MAC
01:08:46.760 INFO - Driver class not found: com.opera.core.systems.OperaDriver
01:08:46.760 INFO - Driver provider com.opera.core.systems.OperaDriver is not registered
01:08:46.834 INFO - RemoteWebDriver instances should connect to: http://127.0.0.1:4444/wd/
hub
01:08:46.834 INFO - Selenium Server is up and running
```

图 3-5　将中间的“：”改为“；”

步骤 03 在脚本中用以下语句进行 HtmlUnit Driver 的实例化。

```
driver = webdriver.Remote(
    command_executor='http://127.0.0.1:4444/wd/hub',
    desired_capabilities=DesiredCapabilities.HTMLUNIT)
```

如图 3-6 所示，访问了 www.baidu.com，脚本的执行结果会打印在命令窗口中。

这里需要注意的是，如果你把 Jar 包的顺序写反了，即 selenium-server-standalone-2.53.0.jar: htmlunit-driver-standalone-2.21.jar，运行脚本就会报错，如图 3-7 所示。

```
Cannot locate declared field class org.apache.http.impl.client.HttpClientBuilder.dnsResolver
```

```
01:08:46.834 INFO - Selenium Server is up and running
01:08:57.278 INFO - Executing: [new session: Capabilities [{browserName=htmlunit, version=
, platform=ANY}]])
01:08:57.292 INFO - Creating a new session for Capabilities [{browserName=htmlunit, versio
n=, platform=ANY}]
01:08:58.178 INFO - Done: [new session: Capabilities [{browserName=htmlunit, version=, pla
tform=ANY}]]
01:08:58.212 INFO - Executing: [get: http://www.baidu.com])
01:09:00.712 ERROR - runtimeError: message=[An invalid or illegal selector was specified (
selector: '*,:x' error: Invalid selector: :x).] sourceName=[https://ss1.bdstatic.com/5eN1b
jq8AAUYm2zgoY3K/r/www/cache/static/protocol/https/jquery/jquery-1.10.2.min_f2fb5194.js] li
ne=[14] lineSource=[null] lineOffset=[0]
01:09:01.074 INFO - 一张网页，要经历怎样的过程，才能抵达用户面前？
一位新人，要经历怎样的成长，才能站在技术之巅？
探寻这里的秘密；
体验这里的挑战；
成为这里的主人；
加入百度，加入网页搜索，你，可以影响世界。

01:09:01.075 INFO - 请将简历发送至 %c ps_recruiter@baidu.com（ 邮件标题请以“姓名-应聘XX职
位-来自console”命名） color:red
```

图 3-6 Selenium Server 打印结果

```
Zitengs-MacBook-Pro:iTool applewu$ java -cp selenium-server-standalone-2.53.0.jar:htmlunit
-driver-standalone-2.21.jar org.openqa.grid.selenium.GridLauncher
00:50:41.197 INFO - Launching a standalone Selenium Server
00:50:41.255 INFO - Java: Oracle Corporation 25.25-b02
00:50:41.255 INFO - OS: Mac OS X 10.10.5 x86_64
00:50:41.281 INFO - v2.53.0, with Core v2.53.0. Built from revision 35ae25b
00:50:41.387 INFO - Driver provider org.openqa.selenium.ie.InternetExplorerDriver registra
tion is skipped:
registration capabilities Capabilities [{ensureCleanSession=true, browserName=internet exp
lorer, version=, platform=WINDOWS}] does not match the current platform MAC
00:50:41.387 INFO - Driver provider org.openqa.selenium.edge.EdgeDriver registration is sk
ipped:
registration capabilities Capabilities [{browserName=MicrosoftEdge, version=, platform=WIN
DOWS}] does not match the current platform MAC
00:50:41.388 INFO - Driver class not found: com.opera.core.systems.OperaDriver
00:50:41.388 INFO - Driver provider com.opera.core.systems.OperaDriver is not registered
00:50:41.521 INFO - RemoteWebDriver instances should connect to: http://127.0.0.1:4444/wd/
hub
00:50:41.521 INFO - Selenium Server is up and running
00:58:36.629 INFO - Executing: [new session: Capabilities [{browserName=htmlunit, version=
, platform=ANY}]])
00:58:36.647 INFO - Creating a new session for Capabilities [{browserName=htmlunit, versio
n=, platform=ANY}]
00:58:37.681 INFO - Done: [new session: Capabilities [{browserName=htmlunit, version=, pla
tform=ANY}]]
00:58:37.732 INFO - Executing: [get: http://www.baidu.com])
00:58:39.174 WARN - Exception thrown
org.openqa.selenium.WebDriverException: java.lang.IllegalArgumentException: Cannot locate
declared field class org.apache.http.impl.client.HttpClientBuilder.dnsResolver
Build info: version: '2.53.0', revision: '35ae25b', time: '2016-03-15 17:00:58'
System info: host: 'Zitengs-MacBook-Pro.local', ip: '192.168.0.100', os.name: 'Mac OS X',
os.arch: 'x86_64', os.version: '10.10.5', java.version: '1.8.0_25'
Driver info: driver.version: EventFiringWebDriver
        at org.openqa.selenium.htmlunit.HtmlUnitDriver.get(HtmlUnitDriver.java:543)
        at org.openqa.selenium.htmlunit.HtmlUnitDriver.get(HtmlUnitDriver.java:517)
        at sun.reflect.NativeMethodAccessorImpl.invoke0(Native Method)
        at sun.reflect.NativeMethodAccessorImpl.invoke(NativeMethodAccessorImpl.java:62)
        at sun.reflect.DelegatingMethodAccessorImpl.invoke(DelegatingMethodAccessorImpl.ja
va:43)
```

图 3-7 Selenium Server 报错

2. PhantomJS Driver

PhantomJS 与 Chrome 和 Safari 一样，都基于开源浏览器引擎 Webkit，因而 PhantomJS 相较于 HtmlUnit 而言，更接近真实浏览器的行为。

PhantomJS 下载地址：https://bitbucket.org/ariya/phantomjs/downloads。

下载之后，可将 PhantomJS 配置到环境变量中。如果没有配置环境变量，可在实例化 Driver 时指定路径。

```
driver = webdriver.PhantomJS(executable_path="path/to/phantomjsdriver')
```

此外，PhantomJS 还可以使用很多配置参数，比如 --ignore-ssl-errors=true 是访问 HTTPS 页面要加上的配置，用于忽略已过期或自定义证书之类的 SSL 错误。有关 PhantomJS 的其他配置参数请参考 http://phantomjs.org/api/command-line.html。

```
driver = webdriver.PhantomJS(service_args=['--ignore-ssl-errors=true'])
```

综上所述，为了让测试脚本的运行结果更接近于真实用户的操作结果，可参考以下建议：

（1）如果 Web 页面包含大量的 JavaScript 方法，那么不要在测试脚本中使用 HtmlUnit。

（2）如果需要对 Web 页面元素的显示或样式等做大量的校验，那么不要使用 PhantomJS。

（3）如果最终选择了 Headless 浏览器做 GUI 测试，那么在页面操作的关键之处保存截图。

3.2 常用 API 概览

在第 2 章的内容中介绍了如何通过编写 Selenium WebDriver 脚本去打开浏览器，在网页上执行"键盘输入""按钮点击"等操作。然而在实际的项目测试过程中，远不止"输入""点击"操作这么简单。比如我们可能要设置浏览器代理，可能需要处理模态框，可能要进行文件的上传与下载等复杂的场景。而这些场景的自动化解决方案都可以在 Selenium 官方文档中找到答案。

由于本书篇幅有限，因此无法罗列 Selenium WebDriver 支持的所有方法；另一方面，Selenium 近几年在快速迭代，如果读者养成了查阅官方文档的良好习惯，有很多问题都可以无师自通。

图 3-8 是 Selenium 官方介绍 WebDriver API 的文档结构图。如果你使用 Pycharm 之类的 IDE 编写 Python 代码，建议你在学习这些 WebDriver API 的同时，不妨用 Pycharm 的 Go to Declaration 功能来阅读 Selenium 包的源码，得到更深入的理解。

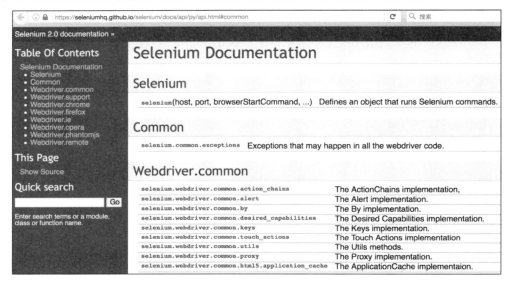

图 3-8　Selenium Driver 官方文档截图

本节将针对 WebDriver API 中的部分常用内容做介绍，为下一节的场景演练做铺垫。由于前文已经对 Selenium WebDriver 对象的创建进行了大篇幅介绍，本节的示例代码就将 WebDriver 对象的创建部分略去，直接使用 Driver 作为已经初始化的 WebDriver 对象。

3.2.1　浏览器操作

表 3-1 罗列了 Selenium WebDriver 执行部分浏览器操作的方法，这些方法与浏览器、页面元素无关。

表 3-1　部分浏览器操作

浏览器操作	WebDriver 对象支持的方法
窗口最大化	driver.maximize_window()
获得窗口标题	driver.title
创建 Cookies	driver.add_cookie({'name' : 'lang', 'value' : 'python'})
获取 Cookies	driver.get_cookies() driver.get_cookie(your_cookie)

（续表）

浏览器操作	WebDriver 对象支持的方法
删除 Cookies	driver.delete_all_cookies()
	driver.delete_cookie(your_cookie)
屏幕截图	driver.save_screenshot(your_file_name)

3.2.2　ActionChains

ActionChains 是 Selenium WebDriver 的一个类，在 ActionChains 初始化的时候，要将 WebDriver 对象作为参数，从而完成 ActionChains 的初始化。ActionChains 对象很强大，它不仅可以控制鼠标的移动、右击、双击、焦点设置等，还可以控制键盘事件。在测试悬浮菜单（Hover）、鼠标拖放等场景时，我们经常要用到它。你可以理解为把一系列操作插入一个队列中，在这一系列操作的最后，用 perform() 表示不再有命令进入队列了，可以执行队列中的所有命令。在后文 3.3.2 "悬浮菜单"以及 5.3 Canvas 小节中，对 Action Chains 的应用场景做了具体的演示。处理悬浮菜单的代码如下：

```
menu = driver.find_element_by_css_selector(".nav")
hidden_submenu = driver.find_element_by_css_selector(".nav #submenu1")
ActionChains(driver).move_to_element(menu).click(hidden_submenu).perform()
```

或者写为：

```
menu = driver.find_element_by_css_selector(".nav")
hidden_submenu = driver.find_element_by_css_selector(".nav #submenu1")
actions = ActionChains(driver)
actions.move_to_element(menu)
actions.click(hidden_submenu)
actions.perform()
```

3.2.3　Alert

Alert 类用于处理弹出框，执行"取消""接受""输入"以及从弹出框界面获取内容的操作。需要注意的是，弹出框的实现方式有多种，在使用 Alert 类之前，我们需要了解将要测试的弹出框是如何实现的。如果弹出框不是使用原生 JavaScript 的 Alert 方法，那么测试脚本使用 Alert 可能无效。在后文 3.3.1 小节中，我们对弹出框的几种情况和测试方法做了详尽的介绍。

```
Alert(driver).accept()
Alert(driver).dismiss()
```

name_prompt = Alert(driver) name_prompt.send_keys("Willian Shakesphere") name_prompt.accept()

3.2.4 By

By 用于指定在页面上寻找元素的方式（ID、XPATH、LINK_TEXT、PARTIAL_LINK_TEXT、NAME、TAG_NAME、CLASS_NAME、CSS_SELECTOR）。以下两行代码是执行相同操作的不同写法，都是寻找 id 属性为 sb_form_q 的 Web 元素。

```
driver.find_element(by=By.ID,"sb_form_q")
driver.find_element_by_id("sb_form_q")
```

3.2.5 Desired Capabilities

连接 Selenium Server 或 Selenium Grid 进行测试时，需要先创建一个 Desired Capabilities 对象来实例化 Remote WebDriver。其代码如下：

```
driver = webdriver.Remote(
    command_executor='http://127.0.0.1:4444/wd/hub',
    desired_capabilities=DesiredCapabilities.CHROME)
```

在 3.1 节对 Opera Drvier 和 HtmlUnit Driver 实例化的内容中均提到了 DesiredCapabilities 类的用法。DesiredCapabilities 类定义了多种浏览器的版本、平台等信息。列表如下：

- FIREFOX
- INTERNETEXPLORER
- EDGE
- CHROME
- OPERA
- SAFARI
- HTMLUNIT
- HTMLUNITWITHJS
- IPHONE
- IPAD
- ANDROID
- PHANTOMJS

以下是 DesiredCapabilities 类的部分代码，可以看出，DesiredCapabilities 是字典对象。

```
HTMLUNIT = {
    "browserName": "htmlunit",
    "version": "",
    "platform": "ANY",
}

HTMLUNITWITHJS = {
    "browserName": "htmlunit",
    "version": "firefox",
    "platform": "ANY",
    "javascriptEnabled": True,
}
```

我们可以自定义一个 desired_capabilities 对象，代码如下：

```
desired_caps = dict()
desired_caps['appPackage'] = 'com.android.settings'
desired_caps['appActivity'] = 'Settings'
desired_caps['platformName'] = 'Android'
desired_caps['platformVersion'] = '6.0.0'
desired_caps['deviceName'] = 'Google Galaxy Nexus'
driver = webdriver.Remote('http://127.0.0.1:4444/wd/hub', desired_caps)
```

也可以在 DesiredCapabilities 类已有定义的基础上更新字典对象的部分值。

```
capabilities = DesiredCapabilities.FIREFOX.copy()
capabilities['platform'] = "WINDOWS"
capabilities['version'] = "10"
driver.Remote(desired_capabilities=capabilities,
command_executor='http://127.0.0.1:4444/wd/hub')
```

3.2.6 Keys

引用 Keys 类可以完成很多特殊键的输入，比如回车、Tab 键、F1 至 F12、上下左右方向键等。具体引用方法如代码所示。

下面这行代码的作用是执行"点击页面元素 to_station_element 后，按下回车键"的操作。

```
ActionChains(driver).click(to_station_element).send_keys(Keys.ENTER).perform()
```

3.2.7 Wait

时至今日，Ajax 异步加载技术在 Web 页面上的应用已经越来越普遍。当浏览器访问页面时，页面元素往往是逐步加载完成的。为此，Selenium WebDriver 提供了两种延迟等待机制：显式等待（Explicit Wait）和隐式等待（Implicit Wait）。

显式等待需要设置等待条件和等待时间，若超过了等待时间，条件仍不被满足，则会抛出超时异常。如下代码所示，预计在 5 秒之内，页面上会显示 id 为 spnUid 的元素，并可以点击。如果在 5 秒内满足了条件，就会返回这个元素；否则，就会抛出 TimeOutException。

```
wait = WebDriverWait(driver, 5)
element = wait.until(expected_conditions.element_to_be_clickable((By.ID, 'spnUid')))
```

隐式等待只需要设置等待时间。如下代码所示，测试脚本会延迟 5 秒之后再执行。一般来说，我们在脚本中设置延迟等待是为了等待某个元素出现，以便进行后续操作。而隐式等待不考虑界面情况，一直要过了等待时间才能进行下一步操作，这种做法显得很低效。尤其在执行大量测试脚本的时候，这种劣势尤为明显。因此，不建议使用隐式等待。同理，也避免使用 time.sleep(5)。

```
driver.implicitly_wait(5)
```

需要注意的是，隐式等待的设置是全局性的。比如说，你在脚本中设置了隐式时间为 15 秒，同时设置了显式等待时间为 10 秒。那么，如果在 10 秒之后显式等待的语句因超时抛出了异常，脚本仍需要再等 5 秒才会结束运行。为此，要么减少隐式等待时间，要么增加显式等待时间。

3.2.8 execute_script

Selenium 的强大之处不仅体现在它有丰富的类库，能满足大部分的自动化测试需求；Selenium 还支持传入 JavaScript 脚本来运行。当我们遇到 Selenium 无法支持或解决不了的问题时，可以考虑通过 JavaScript 来解决。

如图 3-9 所示，在 Chrome 浏览器开发者工具的控制台里执行 JavaScript 命令可以得到当前的 User Agent。将这条 JavaScript 命令作为字符串参数传入 driver.execute_script 方法可以得到同样的结果。

图 3-9　Chrome 浏览器控制台

可以使用下面的代码完成上述操作。

```
driver.execute_script('return navigator.userAgent')
```

我们对 JavaScript 了解得越多，就会发现能用 execute_script 解决的问题也越多。我们还可以在待测页面加载完成之后再导入某个第三方的 JavaScript 文件，之后使用这个 JS 文件中的方法来完成更复杂的操作。

以下代码将在待测页面的 Head 中新建 Script 标签，通过设置 src 属性值导入 JavaScript 文件。如图 3-10 所示，我们在 Bing 页面中导入 jquery-1.9.1.min.js。

图 3-10　为 Bing 页面注入 Script 元素

```
from selenium import webdriver

driver = webdriver.Firefox()
driver.get("http://cn.bing.com/")

# Check if the jquery existed
result_1 = driver.execute_script("return typeof jQuery!= 'undefined';")
assert result_1 is False

jq_script = "https://code.jquery.com/jquery-1.9.1.min.js"
driver.execute_script("function inject_script(url) {"
                      "var script = document.createElement('script');"
                      "script.src = url;"
```

```
                  "var head = document.getElementsByTagName('head')[0];"
                  "head.appendChild(script);}"
                  "inject_script(arguments[0]);", jq_script)

# Check if the jquery existed again
result_2 = driver.execute_script("return typeof jQuery!= 'undefined';")
assert result_2 is True

driver.quit()
```

3.2.9　switch_to

为了解决父页面与子页面、页面与弹出框之间的切换问题，Selenium WebDriver 提供了多种元素的 switch_to 方法，比如 active_element、alert、window、frame、parent_frame 等。

以下代码是使用 switch_to 方法切换窗口，若当前存在多个窗口可供切换，那么 Driver 是可以获得这些窗口句柄的。在获得窗口句柄之后，就可以进行切换了。否则，Driver 对象会抛出异常。

```
driver.switch_to.window(driver.window_handles[1])
```

3.3　场景演练

前端技术发展迅速，正所谓"戏法人人会变，招式各有不同"。同样的页面效果实现方式可能完全不同，而这就导致看起来相似的页面元素用自动化脚本的处理方式完全不一样。因此，我们在学习 UI 测试自动化的过程中，平时可以收集一些不同类型的网站用于练手。尤其是介绍前端技术的网站（比如 http://www.menucool.com/、http://www.w3schools.com/html/），一方面这些网站汇集了不同的页面元素和控件，而且没有复杂的业务逻辑，作为学习自动化测试的靶程序，它们再合适不过了；另一方面，测试人员也可以通过这些网站学习前端知识，扩宽自己的技术视野。

本节作为实战演练环节，会在提供测试脚本之前展示各个场景的截图和页面源码。建议大家先仔细阅读源码，再结合 3.2 节对常用 API 的理解独立思考自动化的处理方式，最后结合测试脚本来巩固 Selenium WebDriver 的用法。

表 3-2 罗列了演练的内容以及测试脚本中涉及的知识点。

表 3-2 演练场景列表

演练内容	涉及知识点
弹出框	Alert; switch_to.window; Wait
悬浮菜单	ActionChains; Wait
表格	execute_script
Iframe	switch_to.frame; maximize_window; save_screenshot
上传与下载	Wait

3.3.1 弹出框

弹出框是一个很宽泛的词，弹出来的消息框、对话框，甚至网页都可以称之为"弹出框"。它可以使用原生的 JavaScript 实现，也可以用第三方的工具库实现。下面将讨论 3 种弹出框的应用场景。

1. Alert：消息提示框

图 3-11 是一个简单的消息提示框。单击页面上的 Click Me 按钮后，会出现一个文字提示窗口。

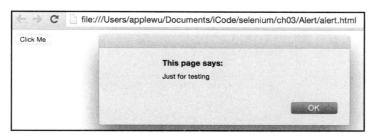

图 3-11 Alert 提示框

以下是它的页面源码，使用的是原生 JavaScript 的 alert 方法。

```
<html>
<head>
<script type="text/javascript">
function disp_alert()
{
alert("Just for testing")
}
</script>
```

```
</head>
<body>
<input type="button" onclick="disp_alert()" value="Click Me" />
</body>
</html>
```

对于这种提示框,利用 WebDriver 的 Alert 类就可以解决。由于这里只有一个按钮,背后也没有任何处理逻辑,因此忽略提示(dismiss)与接受提示(accept)的效果是一样的,都将关闭提示框。

```
from selenium import webdriver
from selenium.webdriver.common.alert import Alert

driver = webdriver.Firefox()
driver.get('file:///Users/applewu/Documents/iCode/selenium/ch03/Alert/alert.html')
driver.find_element_by_tag_name('input').click()
# Alert(driver).accept()
Alert(driver).dismiss()
driver.quit()
```

2. Window.open:弹窗

图 3-12 是一个 Pop-Up 弹出窗口。单击页面上的 Click Me 按钮后,会打开一个新的 HTML 页面。

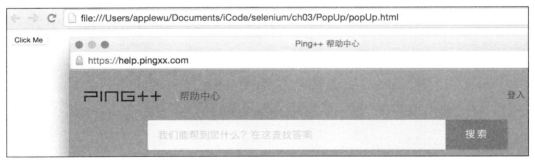

图 3-12 弹出网页窗口

以下是它的页面源码,使用 window.open 方法来实现。

```
<html>
<head>
    <script LANGUAGE="javascript">
```

```
function openwin() {
    window.open ("https://help.pingxx.com/", "newwindow", "height=800, width=800, toolbar=no, menubar=no, scrollbars=no, resizable=no, location=no, status=no")
}
</script>
</head>
<body onload="openwin()">
    <input type="button" onclick="openwin()" value="Click Me"></body>
</html>
```

虽然这也是弹出效果，但它弹出的是一个网页窗口，而不是之前的 Alert。我们无法使用 WebDriver 的 Alert 类来对弹出的页面进行操作。这里需要用 switch_to.window 来进行窗口之间的切换，将弹出页切换到激活状态才能对弹出页中的元素进行操作。

```
# -*- coding: utf-8-*-

from selenium import webdriver

driver = webdriver.Firefox()
driver.get('file:///Users/applewu/Documents/iCode/selenium/ch03/PopUp/popUp.html')
driver.find_element_by_tag_name('input').click()
driver.switch_to.window(driver.window_handles[1])
driver.find_element_by_class_name('input-group-field').send_keys(u'渠道')
driver.find_element_by_link_text(u'搜索').click()
driver.quit()
```

3. Bootbox：Div 弹出层

图 3-13 弹出的是一个等待用户输入的模态对话框。单击页面上的 Alert 按钮后，用户必须要在对话框上进行操作才能返回之前的页面。

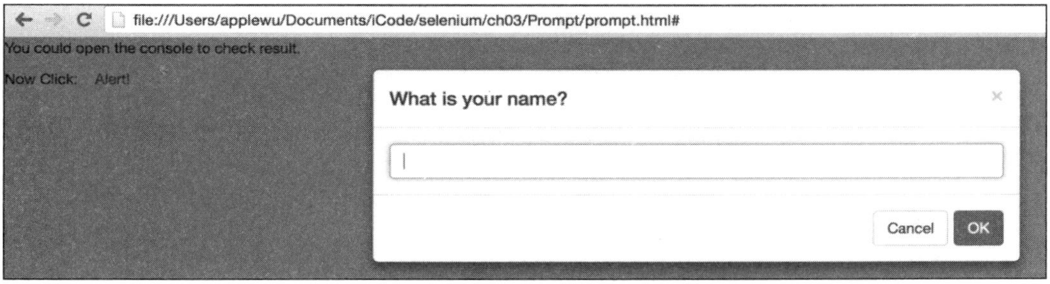

图 3-13　BootBox 实现的弹出框

以下是页面源码,可以看出它是基于第三方的 JavaScript 库 Bootbox 来实现的。

Bootbox(http://bootboxjs.com/)依赖于 jQuery(https://code.jquery.com/)和 Bootstrap(http://getbootstrap.com/)。我们可以事先把这些 js 文件下载到本地,减少页面加载速度。这里为了表现页面延迟,突出 WebDriverWait 的使用,特意访问 jQuery 的官方 URL 去获取 jquery-1.9.1.min.js。

```html
<!--prompt.html-->
<!DOCTYPE html>
<html>
<head>
    <meta charset="utf-8">
    <title>Demo for Prompt</title>

    <!-- CSS dependencies -->
    <link rel="stylesheet" type="text/css" href="bootstrap.min.css">
</head>
<body>
    <p>You could open the console to check result. </p>
    <p>Now Click:<a class="alert" href=#>Alert!</a></p>

    <!-- JS dependencies -->
    <script src="https://code.jquery.com/jquery-1.9.1.min.js"></script>
    <script src="bootstrap.min.js"></script>

    <!-- bootbox code -->
    <script src="bootbox.min.js"></script>
    <script>
        $(document).on("click", ".alert", function(e) {
            bootbox.prompt("What is your name?", function(result) {
    if (result === null) {
    console.log("Prompt dismissed");
    } else {
    console.log("Hi <b>"+result+"</b>");
    }
});
        });
    </script>
</body>
</html>
```

如图 3-14 所示，我们分析发现，Bootbox 实现的弹出窗口其实是一个 Div 层，它属于原窗口 DOM 结构的一部分。所以只要确保窗口已经弹出，就可以直接用 Driver 找到窗口元素，从而完成弹出框的操作。

```
from selenium import webdriver
from selenium.webdriver.common.by import By
from selenium.webdriver.support.wait import WebDriverWait
from selenium.webdriver.support import expected_conditions as EC
from selenium.webdriver.common.keys import Keys

driver = webdriver.Firefox()
driver.get('file:///Users/applewu/Documents/iCode/selenium/ch03/Prompt/prompt.html')
WebDriverWait(driver, 10).until(EC.element_to_be_clickable((By.CLASS_NAME, 'alert')))
driver.find_element_by_class_name('alert').click()
WebDriverWait(driver, 2).until(EC.visibility_of_element_located((By.TAG_NAME, 'input')))
driver.find_element_by_tag_name('input').send_keys('Tester')
driver.find_element_by_tag_name('input').send_keys(Keys.ENTER)
driver.quit()
```

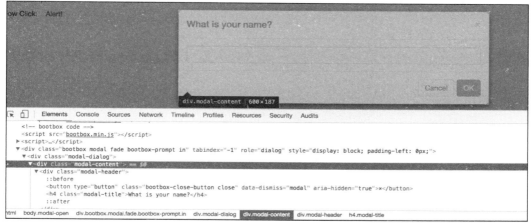

图 3-14　分析 BootBox 弹出框

3.3.2　悬浮菜单

图 3-15 是一个悬浮菜单的例子，当鼠标停留在"开发者中心"这个元素的时候，有悬浮菜单显示出来，3 个菜单项分别是"开发指南"" API 文档"和"SDK 下载"。

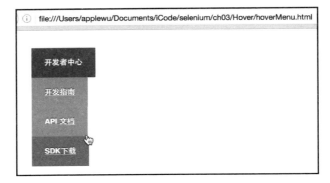

图 3-15 悬浮菜单

以下是页面源码。悬浮菜单是通过 css :hover 选择器实现的，对未选中、已选中的菜单项都设置了样式。

```
<!-- hoverMenu.html -->
<html>
<head>
    <meta charset="utf-8">
    <title>Demo for hover</title>
    <style type="text/css">
        body {
            padding: 20px 50px 150px;
            text-align: center;
            background: white;
        }
        ul {
            text-align: left;
            display: inline;
            margin: 0;
            padding: 15px 4px 17px 0;
            list-style: none;
            box-shadow: 0 0 5px rgba(0, 0, 0, 0.15);
        }
        ul li {
            font: bold 12px/18px sans-serif;
            display: inline-block;
            margin-right: -4px;
```

```css
        position: relative;
        padding: 15px 20px;
        background: mediumpurple;
        cursor: pointer;
        transition: all 0.3s;
    }
    ul li:hover {
        background: purple;
        color: white;
    }
    ul li ul {
        padding: 0;
        position: absolute;
        top: 48px;
        left: 0;
        width: 150px;
        box-shadow: none;
        display: none;
        opacity: 0;
        visibility: hidden;
        -transition: opacity 0.3s;
    }
    ul li ul li a{
        display: block;
        color: white;
        text-shadow: 0 -1px 0 black;
    }
    ul li ul li:hover {
        background: dimgrey;
    }
    ul li:hover ul {
        display: block;
        opacity: 1;
        visibility: visible;
    }
</style>
```

```html
</head>
<body>
<ul>
    <li id="menuitems">
        开发者中心
        <ul>
            <li><a href="https://www.pingxx.com/docs/overview">开发指南</a></li>
            <li><a href="https://www.pingxx.com/api">API 文档</a></li>
            <li><a href="https://www.pingxx.com/docs/downloads">SDK 下载</a></li>
        </ul>
    </li>
</ul>
</body>
</html>
```

如果我们绕过"开发者中心"这一菜单项，直接用 Driver 的 find element 方法定位到它下面的子菜单，对子菜单做点击操作，试图打开子菜单中的链接，那么脚本会抛出 ElementNotVisibleException 异常，如图 3-16 所示。

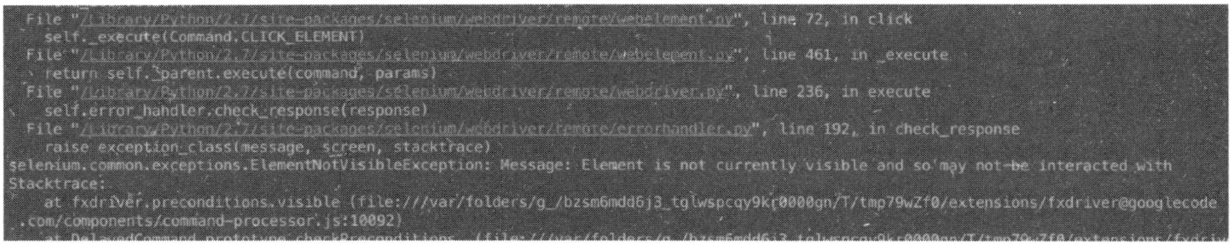

图 3-16　ElementNotVisibleException 异常

以下是利用 ActionChains 处理悬浮菜单的脚本。

```python
# -*- coding: utf-8 -*-
from selenium import webdriver
from selenium.webdriver.common.action_chains import ActionChains
from selenium.webdriver.common.by import By
from selenium.webdriver.support.wait import WebDriverWait
from selenium.webdriver.support import expected_conditions as EC

driver = webdriver.Firefox()
driver.get('file:///Users/applewu/Documents/iCode/selenium/ch03/Hover/hoverMenu.html')
```

```
# 通过 id 属性找到将要操作的元素
menu = driver.find_element_by_id('menuitems')
menu_item = driver.find_element_by_xpath('//*[@id="menuitems"]/ul/li[2]/a')

# 利用 ActionChains 点击悬浮菜单
ActionChains(driver).move_to_element(menu).move_to_element(menu_item).click().perform()

# 点击菜单之后，等待页面跳转。通过检查页面 title 的方式确认是否跳转成功
WebDriverWait(driver, 5).until(EC.element_to_be_clickable((By.CLASS_NAME, 'logo')))
assert driver.title == u'API 参考 | 为开发者设计的支付聚合 SDK'
driver.quit()
```

3.3.3 表格

Selenium提供了很多定位元素的方法,但这些方法都需要页面元素的属性值或xpath是固定的,至少是有规律可循的。但是,如果我们面对的是动态元素,它的 id 是随机生成的或者这个元素没有任何属性,它的位置也可能发生变化时,我们就需要换一种思路,通过某个相邻元素来找到我们最终需要操作的元素。以图 3-17 为例进行介绍。

	订单 ID	交易时间	交易详情	金额	退款金额	实收金额	状态	交易渠道
☐	Lmn9iP8yHSTSKyj1Xf1KCC	2016-06-25 18:41:24	墨镜	399	0.00	0.00	成功	银联手机支付
☐	fvXLyPurTOerfDiTOur1G8	2016-04-01 18:43:01	康乃馨	300	0.00	0.00	成功	百度钱包
☐	SazHmPyH0O5CS0yTvjv1O4	2016-03-14 18:42:25	大苹果	10.0	2.00	0.00	成功	银联网关支付

图 3-17 表格示例

通过单击行首的 CheckBox 来选中列表中的某笔订单（如"康乃馨"）。以下是页面源码。我们分析后可得知,CheckBox 元素的 tag 值为 input,type 值为 checkbox,并没有其他属性来唯一确认某个 CheckBox。

```
<!-- table.html -->
<html>
<head>
    <meta charset="utf-8">
</head>
<body>
<table border="1">
```

```html
<thead>
    <tr>
        <th>
            <input type="checkbox"></th>
        <th>订单 ID</th>
        <th>交易时间</th>
        <th>交易详情</th>
        <th>金额</th>
        <th>退款金额</th>
        <th>实收金额</th>
        <th>状态</th>
        <th>交易渠道</th>
    </tr>
</thead>
<tbody>
    <tr>
        <td>
            <input type="checkbox"></td>
        <td>Lmn9iP8yHSTSKyj1Xf1KCC</td>
        <td>2016-06-25 18:41:24</td>
        <td>墨镜</td>
        <td>399</td>
        <td>0.00</td>
        <td>0.00</td>
        <td>成功</td>
        <td>银联手机支付</td>
    </tr>
    <tr>
        <td>
            <input type="checkbox"></td>
        <td>fvXLyPurTOerfDiTOur1G8</td>
        <td>2016-04-01 18:43:01</td>
        <td>康乃馨</td>
        <td>300</td>
        <td>0.00</td>
        <td>0.00</td>
        <td>成功</td>
        <td>百度钱包</td>
```

```
            </tr>
            <tr>
                <td>
                    <input type="checkbox"></td>
                <td>SazHmPyH0O5CS0yTvjv1O4</td>
                <td>2016-03-14 18:42:25</td>
                <td>大苹果</td>
                <td>10.0</td>
                <td>2.00</td>
                <td>0.00</td>
                <td>成功</td>
                <td>银联网关支付</td>
            </tr>
        </tbody>
    </table>
</body>
</html>
```

然而，我们可以通过 JavaScript 找到"康乃馨"所在的单元格，然后通过单元格的父节点找到这一行的 CheckBox 元素，如图 3-18 所示。依据这种思路，我们完成了这部分的测试脚本。

图 3-18　FireBug 分析表格元素

```python
# -*- coding: utf-8 -*-
from selenium import webdriver

driver = webdriver.Firefox()
driver.get('file:///Users/applewu/Documents/iCode/selenium/ch03/Table/table.html')

# 这里 JavaScript 的用意是，根据元素标签 td 获得单元格元素集合
# 再找到"康乃馨"单元格，最后点击它所在行的 CheckBox 元素
jscript = '''var cells = document.getElementsByTagName("td");
for(var x = 0; x < cells.length; x++)
{{if(cells[x].innerHTML == '{0}')
{{cells[x].parentNode.childNodes[1].childNodes[1].click();
break;
}}}}'''.format('康乃馨')

# 执行完下面的语句之后，将看到页面上的 CheckBox 元素被选中了
driver.execute_script(jscript)
```

当然，表格的实现方法不只有 table 标签这一种。比如图 3-19 所示的 163 邮箱的收件箱页面就是用 div 与 span 元素表现出表格的效果。处理 CheckBox 的思路是一样的。如图 3-20 所示，根据邮件标题定位，从而得出邮件所在行，最后完成对行首 CheckBox 的勾选操作。7.2.2 节会提供这一操作的详细脚本。

$("span:contains('[Register] Risk Mitigation Using Exploratory Testing')")

图 3-19　163 邮箱收件箱截图

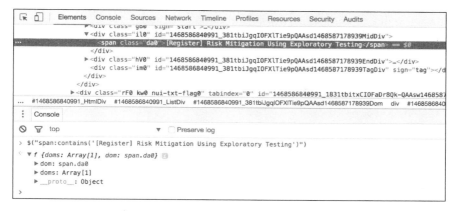

图 3-20 用 JavaScript 分析 163 收件箱的页面元素

3.3.4 iframe

HTML 的 iframe 标签一般应用于在页面中包含其他页面。虽然在 HTML 4.1 Strict DTD 和 XHTML 1.0 Strict DTD 中不支持 iframe 元素，但它依然被很多网站使用。为了应对无法解释 iframe 标签的浏览器，我们可以在 iframe 标签之间增加一些友好的文本提示。

图 3-21 是一个简单的 iframe 示例。打开 iframe.html，发现它包含了另一个页面 demo.html 的内容。以下是 iframe 的来源页 demo.html 的源码。

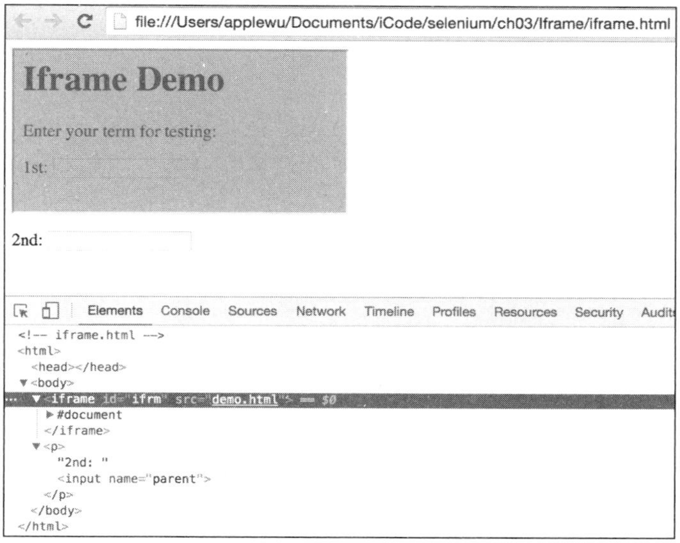

图 3-21 iframe 示例

```html
<!-- demo.html -->
<html lang="en">
<head>
    <meta charset="utf-8"></head>
<body>
    <h1>Iframe Demo</h1>
    <p>
        Enter your term for testing:
    </p>
    1st: <input name="sub">
</body>
</html>
```

以下是测试页面 iframe.html 的源码。

```html
<!-- iframe.html -->
<html>
    <body>
        <iframe id="ifrm" src="demo.html">Your browser doesn't support iframes.</iframe>
        <p>2nd: <input name="parent"></p>
    </body>
</html>
```

iframe.html 页面上显示的两个文本框，一个在当前页面上，另一个在 demo.html 中。因此，我们在测试脚本中需要用 switch_to 进行 iframe 与当前页面之间切换。其代码如下：

```python
# -*- encoding:utf8 -*-
from selenium import webdriver

# 这里采用了 Headless 浏览器，脚本运行过程中不会有打开浏览器页面的直观效果
# 读者可以根据自己的喜好更换为其他类型的 driver
driver = webdriver.PhantomJS(executable_path=' /phantomjs-2.1.1-macosx/bin/phantomjs')

# demo.html 作为 iframe.html 的子页面，若要操作 demo.html 中的页面元素，
# 则需要先访问 iframe.html，再切换到 demo.html 中
driver.get('file:///Users/applewu/Documents/iCode/selenium/ch03/Iframe/iframe.html')
driver.switch_to.frame(driver.find_element_by_tag_name('iframe'))

# 名称为 sub 的文本框是在 demo.html 中的，此时可以直接访问元素，输入文本
```

driver.find_element_by_name('sub').send_keys('1st Input')

# 名称为 parent 的文本框是在 iframe.html 中的，切换之后就可以访问元素，输入文本
driver.switch_to.default_content()
driver.find_element_by_name('parent').send_keys('2nd Input')

# 窗口最大化，新建截图文件并保存到脚本所在目录的 iframe_Ex.png
driver.maximize_window()
driver.save_screenshot('iframe_Ex.png')

3.3.5 上传与下载

遇到上传与下载操作的时候，有些人的第一反应会认为，上传和下载的自动化过程会比处理页面常见的文本框、按钮等元素要复杂。然而，在分析页面源码之后就会发现，我们可以利用处理常规元素的思路来处理上传与下载操作。

从图 3-22 和图 3-23 可以看出，上传控件其实是一个 input 元素，而下载链接则是 a 元素。

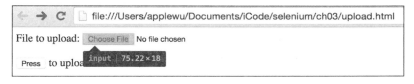

图 3-22　上传示例

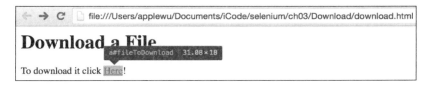

图 3-23　下载示例

实现上传、下载的思路分别是：对 input 元素赋值，再单击"提交"按钮实现上传；先获取 a 元素链接的 url 地址，再将 url 远程数据下载到本地。

下面是相应的页面源码和测试脚本。

上传：

```
<!-- upload.html -->
<html>
<body>
```

```html
<form method="POST" enctype="multipart/form-data" action="http://cgi-lib.berkeley.edu/ex/fup.cgi">
    File to upload: <input type="file" name="uploadfile"><br>
    <br>
    <input type="submit" value="Press"> to upload the file!
</form>
</body>
</html>
```

测试脚本没有浏览本地文件的操作,而是直接把即将上传的文件在本地的路径赋值给 input 元素。

```python
from selenium import webdriver
from selenium.webdriver.common.by import By
from selenium.webdriver.support.wait import WebDriverWait
from selenium.webdriver.support import expected_conditions as EC

driver = webdriver.Firefox()
driver.get("file:///Users/applewu/Documents/iCode/selenium/ch03/Upload/upload.html")
fileInput = driver.find_element_by_name('uploadfile')
fileInput.send_keys(your_file_path)
driver.find_elements_by_tag_name('input')[1].click()
WebDriverWait(driver, 5).until(EC.invisibility_of_element_located((By.NAME, 'uploadfile')))
assert driver.title == 'File Upload Results'
```

下载:

```html
<!--download.html-->
<html>
<head>
    <title>Download Test</title>
</head>
<body>
<h1>Download a File</h1>
<p>To download it click <a id="fileToDownload" href="https://www.pingxx.com/assets/img/logo/pingplusplus_white_logo.zip">Here</a>!</p>
</body>
</html>
```

执行测试脚本后，zip 文件会下载在脚本的当前目录，名为 test.zip。

```
# -*- encoding:utf8 -*-
from selenium import webdriver
import urllib
import os

driver = webdriver.Firefox()
driver.get('file:///Users/applewu/Documents/iCode/selenium/ch03/Download/download.html')
downloadFile_url = driver.find_element_by_id('fileToDownload').get_attribute('href')
file_name = 'test.zip'
# 使用 urllib 模块的方法将文件下载到本地，命名为 test.zip
urllib.urlretrieve(downloadFile_url, file_name)
# 获得当前脚本的所在目录
current_path = os.path.split(os.path.realpath(__file__))[0]
# 检查当前目录中是否存在名为 test.zip 的文件
assert os.path.isfile('{0}/{1}'.format(current_path, file_name)) is True
driver.quit()
```

3.4　可能遇到的异常

编写 Selenium WebDriver 脚本的过程是一项开发过程。在调试脚本的过程中难免会遇到各种各样的异常，本节列举了几种异常类型，目的是为了表现定位问题的思路。

1. NoSuchElementException

页面元素找不到，可能是以下 3 种情况导致的：

- 元素定位的方式有误。如果脚本之前都可以运行，现在突然报错，很可能是页面源码有改动，元素的属性值发生了变化。
- 在元素还不是可用状态时，就尝试获取该元素。比如这个元素是在子页面内的，子页面还未打开，测试脚本就要获取它上面的元素。
- 其他地方有异常，导致元素已经不是可用状态了。比如，执行脚本的过程中，因处理逻辑有误，突然出现了弹窗，影响了对之前页面上元素的操作。

遇到这一类异常，使用浏览器的开发者工具往往能很快定位出问题。

2. ElementNotVisibleException

3.3.2 小节的悬浮菜单提到了这类异常。它一般出现在无法对某个页面元素进行操作,却能在 DOM 中找到它的情况下。你可以先分析该元素是不是在隐藏域中。

3. StaleElementReferenceException

从字面上理解,这类异常的意思是元素的引用不是最新的。比如说,页面上 Ajax 和 JavaScript 库使用得比较多,因为某些操作导致 DOM 重新构建了,而我们对元素在最初创建的引用就无法在测试脚本中继续使用了。

这个问题的解决方案可以利用显式等待,等元素过时之后,再重新用 find 方法创建元素引用。其代码如下:

```
WebDriverWait(driver, 10).until(EC.stalenessOf(your_element))
driver.find_element_by_class_name(the_class_of_element)
```

当然,如果测试人员在与前端开发同事沟通之后,认为在测试过程中不应该出现 DOM 重构,那么这表明页面有 Bug,StaleElementReferenceException 异常就是最好的证明。

4. Page Object 的应用

在 UI 自动化测试项目的规划过程中,我们不仅需要关注测试场景,还需要考虑代码层面上的可维护性,比如项目结构是否清晰、需要哪些可复用的公共方法、测试基类等。测试框架的设计与开发项目的框架设计一样,会利用设计模式的思想,提倡高内聚低耦合,将容易变化的部分抽离出来。我们将在第 4 章对测试框架的类型进行详细讨论,本节介绍的 Page Object 应用是 Selenium WebDriver 官方文档中提到的方法,我们可以借鉴它来优化测试脚本。

什么是 Page Object 设计呢?从字面上理解,就是把页面作为类的对象来维护。

比如说,有个测试场景将涉及"主页"与"搜索页"两个页面的操作。我们可以这样组织测试脚本:创建一个页面基类 BasePage,它用于控制 WebDriver 对象,供所有的页面类调用。随后,新建 HomePage 与 SearchPage 类,它们都继承于 BasePage 类。HomePage 与 SearchPage 类中的方法就是这些页面涉及的具体的测试步骤。完整的测试场景是在 TestCase 类中实现的,TestCase 类直接调用 HomePage 与 SearchPage 类中的方法。此时,我们已经将不同页面上的操作分离开来了。这种清晰结构的最大好处就是代码的复用性。如果有其他测试场景需要用到 HomePage,也可以直接调用 HomePage 类中的方法。考虑到页面元素会经常变动,我们可以将各个页面的元素操作与访问方式抽离出来,即元素操作类(Action)与元素访问类(Locator)。

从单一脚本到多层设计，初学者可能在短时间内不太习惯这种脚本组织方式。为了便于理解，我们略去 Locator 层，只创建"测试用例""测试页面""页面元素"这 3 种对象。结构图如图 3-24 所示。

基于对上述 Page Object 设计的理解，我们将 Github 作为待测应用实现以下场景的测试脚本，具体步骤如下：

步骤01 在 Github 主页上的搜索框中输入 pingplusplus。
步骤02 按回车键，进入搜索页面。
步骤03 在搜索页面中，根据 Most starts 排序选项对搜索结果进行排序。

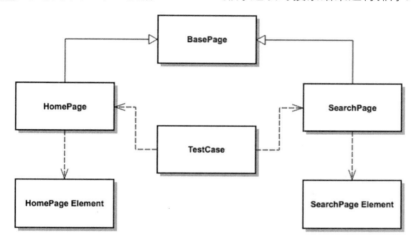

图 3-24　使用 Page Object 的测试脚本结构图

明确了测试场景之后，我们利用本章学习到的知识开始编写测试脚本。

步骤01 根据上述结构图，分别为"测试用例"，"测试页面"，"页面元素"创建 Python 文件，名为 test_github_search.py、page.py 与 page_element.py。

步骤02 编辑 page_element.py，代码如下：

```python
from selenium.webdriver.common.by import By


class HomePage_Element(object):

    txt_query = (By.NAME, "q")



class SearchPage_Element(object):
```

```
        btn_search = (By.XPATH, "/html/body/div[4]/div[1]/div[1]/div/form/div[2]/div[2]/button")
        menu_select = (By.XPATH, '//*[@id="js-pjax-container"]/div[2]/div/div[2]/div[1]/div/button')
        menu_item_most_stars = (By.XPATH, '//*[@id="js-pjax-container"]/div[2]/div/div[2]/div[1]/div/div/div/div[2]/a[1]')
```

步骤 03 编辑 page.py，代码如下：

```python
# -*- encoding:utf-8 -*-

import page_element
from selenium.webdriver.common.keys import Keys
from selenium.webdriver.support.wait import WebDriverWait
from selenium.webdriver.support import expected_conditions


class BasePage(object):

    def __init__(self, driver):
        self.driver = driver


class HomePage(BasePage):

    def is_title_matches(self):
        """验证页面标题是否包含 GitHub"""
        return "GitHub" in self.driver.title

    def enter_query_txt(self, value):
        """在搜索文本框中输入字符串"""
        element = self.driver.find_element(*page_element.HomePage_Element.txt_query)
        element.send_keys(value)
        element.send_keys(Keys.ENTER)


class SearchPage(BasePage):

    def is_title_matches(self):
        """验证页面标题是否包含 Search"""
```

```python
        return "Search" in self.driver.title

    def is_loading(self):
        wait = WebDriverWait(self.driver, 30)
        wait.until(expected_conditions.element_to_be_clickable(page_element.SearchPage_Element.btn_search))

    def choose_sort_menu(self):
        """选择排序菜单项"""
        menu_list = self.driver.find_element(*page_element.SearchPage_Element.menu_select)
        menu_list.click()
        wait = WebDriverWait(self.driver, 10)
        wait.until(expected_conditions.element_to_be_clickable (page_element.SearchPage_Element.menu_item_most_stars))
        menu = self.driver.find_element(*page_element.SearchPage_Element.menu_item_most_stars)
        menu.click()
```

步骤 04 编辑 test_github_search.py，代码如下:

```python
# -*- encoding:utf-8 -*-

import unittest
from selenium import webdriver
import page

class GitHubSearch(unittest.TestCase):
    """page object 示例"""

    def setUp(self):
        self.driver = webdriver.Firefox()
        self.driver.get("https://github.com/")

    def test_search_in_python_org(self):
        home_page = page.HomePage(self.driver)
        assert home_page.is_title_matches(), "github.com title doesn't match."

        home_page.enter_query_txt('pingplusplus')
```

```python
        search_page = page.SearchPage(self.driver)
        search_page.is_loading()
        assert search_page.is_title_matches(), "Search Page title doesn't match."

        search_page.choose_sort_menu()

    def tearDown(self):
        self.driver.close()

if __name__ == "__main__":
    unittest.main()
```

3.5 小　　结

本章详细介绍了 Selenium WebDriver 针对不同浏览器的工作原理以及 Driver 对象的创建方法。在常用 API 概览一节中，已经涵盖了常见测试场景所使用的方法，希望读者可以持续练习，熟悉这些方法的使用。至于特殊的 HTML 5 对象的处理、移动端的测试，在接下来的章节均有提及。

Selenium 支持多种平台、多种浏览器，对 Web 兼容性测试大有益处。

编写 Selenium WebDriver 脚本的首要任务是确保本地机器上已经安装（存在）相应浏览器的驱动（Driver）。

表面上看起来类似的效果（例如弹出框），测试脚本的处理可能完全不一样。

3.6 练　　习

（1）将你平时经常浏览的网站作为练手的 Web 页面，选择你熟悉的语言，分别使用主流（有页面渲染）与 Headless 两类浏览器在测试脚本中实现"窗口切换""保存页面截图""选择悬浮菜单项""选择表格中的某一项"等操作。

（2）思考：无法创建 Driver 对象的原因可能有哪些？

第 4 章 自动化框架

什么是框架？对于人体来讲，就是人的骨架，对于房屋来讲，就是房屋结构。简而言之，框架就是一些"指导方针"，一些能使我们搭建出可以解决一定问题的"指导方针"。那什么又是自动化测试框架呢？它是我们为了解决项目中的问题而搭建的应用于项目测试的框架，是一个工具集，其中包括测试用例管理、代码书写规则、公共模板、测试脚本的设计、异常处理、测试数据的处理和测试报告的展示等。但这些并不是一定要完全照搬的 rules，而只是 guidelines，可以增加亦可以剪裁。当然，我们这里所讲解的搭建自动化测试框架其实是在一些自动化测试工具或者框架的基础之上来重新构建以期实现自家项目的需求，常用的基础测试框架或者工具有 Selenium、QTP、SoapUI 等，本章节将以 Selenium 为基础，用 Java 语言详细讲解主流几类框架的实现过程。

4.1 线性框架

在第 2 章 2.3 节中，我们介绍了 Selenium IDE 录制回放以及脚本导出功能。让我们再来回顾一下这一过程。

首先，打开 Selenium IDE，确认录制功能启用，再打开百度首页，在搜索框中输入 Selenium，单击"搜索"，至此第一个脚本录制完成，如图 4-1 所示。

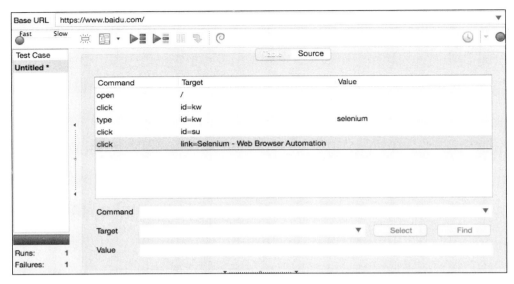

图 4-1 录制脚本

在脚本回放的过程中,我们会发现最后一步报错了。这是因为需要单击的元素还没有加载好就开始了下一步,在此只需加入一条命令即可解决,如 Command: waitForElementPresent; Target: link=Selenium - Web Browser Automation,意为等待需要单击的元素出现,这样第一个脚本便可顺利回放了,如图 4-2 所示。你可以补充其他的自动化步骤,也可以导出脚本为你期望的语言和相应的框架,比如 JUnit4、Java TestNG 等。

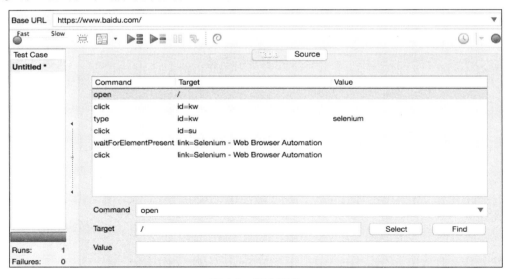

图 4-2 脚本回放

当然，你一定不会满足只是用录制回放这样的方式来学习自动化测试，你一定想要自己写一写脚本来提升自己的骄傲感，那么你可以直接搭建 Eclipse ＋ JUnit/TestNG ＋ WebDriver 来创建如下的脚本：

```java
@Test
public void OpenHomePageTest() {
    FirefoxProfile profile = new FirefoxProfile();

profile.setEnableNativeEvents(false);
    WebDriver driver = new FirefoxDriver();// 实例化 WebDriver
    driver.manage().window().maximize();
    driver.get("https://www.pingxx.com");// 打开网页
    String pro = driver.findElement(By.xpath("//a[@href='/products']")).getText();
    Assert.assertEquals(pro, "产品");// 检查点
    driver.quit();// 退出
}
```

经过调试、运行，你发现真的成功了，太棒了，你终于可以用 Java 写自动化测试脚本了，你一定开始佩服自己了。可是"劝君莫要止前路，前路漫漫需求索"，这里讲解的只是线性框架，即按照 case 一行代码一行代码地完成你的测试脚本，不存在函数的封装和方法重用，相信在你熟悉了之后一定不会满足于用这种方式去完成脚本的设计，虽然它是如此的简单、快捷、容易理解，但它也可以说没有框架可言。之所以称之为框架，是为了与其他框架做一个区别和对比，因为它不但没有方法的重用，也没有业务、数据和脚本之间的分离，全都糅合在一起，如果有所变更，那真的是牵一发而动全身了。

4.2 模块化框架

模块化框架（Modular Framework）是把一些经常要用到的方法封装起来以达到重用的效果，比如我们最常见的 case，登录→输入订单号搜索→登出、登录→输入起止日期搜索→登出等。如此，非常多的 case 中都需要用到登录和登出，那我们就可以将这两个操作封装起来，以便在更多的脚本中调用。

创建一个 Common 的 class，存放上面所说的一些常用方法，代码如下：

```java
/**
 * 创建 firefox 的 WebDriver
 * @return WebDriver
 */
```

```java
public WebDriver browserFirefox() {
    FirefoxProfile profile = new FirefoxProfile();
    profile.setEnableNativeEvents(false);
    WebDriver driver = new FirefoxDriver();   // 实例化 WebDriver
    driver.manage().window().maximize();
    return driver;
}
/**
 * 登录系统
 * @param driver
 */
public void login(WebDriver driver) {
    driver.findElement(By.id("email")).sendKeys("test@pingxx.com");
    driver.findElement(By.id("pwd")).sendKeys("testadmin");
    driver.findElement(By.id("btn_login")).submit();
}
/**
 * 登出系统
 * @param driver
 */
public void logout(WebDriver driver) {
    driver.findElement(By.id("btn_logout")).click();
}
/**
 * 退出 driver
 * @param driver
 */
public void driverQuit(WebDriver driver) {
    driver.quit();      // 退出
}
```

于是，我们在创建脚本时就可以直接调用上面的几个方法，无须在每个脚本中都把登录和登出一遍又一遍的重写。例如，"登录系统→用订单号搜索→登出系统"就可以如下设计：

```java
public class ExampleTest {
    public WebDriver driver = null;
    Common common=new Common();
    @BeforeTest
```

```java
public void beforeTest() {
    driver=common.browserFirefox();
}
/**
 * 根据指定的订单号搜索订单
 */
@Test
public void searchSpecifiedOrderById() {
    driver.get("https://www.dashboard.com");    // 打开网页
    common.login(driver);
    driver.findElement(By.id("search")).click();
    driver.findElement(By.id("order_id")).sendKeys("98909832451398");
    driver.findElement(By.id("search_btn")).click();
    common.logout(driver);
}

@AfterTest
public void afterTest() {
    driver = null;
    common.driverQuit(driver);
}
}
```

如果还想添加测试用例"登录系统→用起止日期搜索→登出系统",只需添加如下代码即可:

```java
/**
 * 根据指定的日期搜索订单
 */
@Test
public void searchSpecifiedOrderByDate() {
    driver.get("https://www.dashboard.com");// 打开网页
    common.login(driver);
    driver.findElement(By.id("search")).click();
    driver.findElement(By.id("date_From")).sendKeys("2016-07-07");
    driver.findElement(By.id("date_To")).sendKeys("2016-07-08");
    driver.findElement(By.id("search_btn")).click();
    common.logout(driver);
}
```

可以看出，这两个 case 都调用了公共方法登录和登出，而且创建 WebDriver 的方法只需在 beforeTest 中调用一次即可，是不是瞬间觉得写脚本是那么的容易。但这里请注意一下在 afterTest 中的代码，这是用来退出 WebDriver 实例并关闭浏览器打开的所有页面的，我们一定要做到在执行每一条 case 的时候环境都是新的，执行之后的测试环境也是要恢复如初的，保证不受到其他测试环境和结果的干扰。最后，我们来分析一下模块化框架的优点有哪些，缺点又有哪些。简单列举如下。

优点：

相同模块，方法可重用
开发效率高
脚本较容易维护（login 变更了，只需修改公共方法即可）

缺点：

需要花时间分析出 case 的 reusable function
数据和脚本没有分离，依然是 hard code
对脚本开发和维护人员的要求相对较高

根据该框架的优缺点，或许你会想，如果我想换个订单号，那我岂不是只能修改脚本了？是的，如果你止步于此，那么你只能通过修改脚本来满足更换订单号的需求，这是非常麻烦的事情，因为这个框架的缺点之一就是数据和脚本没有分离，它已经注定了这个结局。那有没有办法解决这个问题呢？答案当然是有，这就需要你继续往下看，学习接下来的数据驱动框架。

4.3 数据驱动框架

数据驱动框架是目前为止自动化测试中最常用的框架，无论是 UI 自动化，还是 API 自动化，这都是测试同仁的首选解决方案。而模块化框架较数据驱动框架最大的问题就是没有将数据与代码分离，如图 4-3 所示。这就导致了一个问题，如果测试脚本中仅仅是测试数据不一样，也需要用多个脚本来完成。而数据驱动框架正是来解决这一问题的。简而言之，数据驱动框架就是将代码和数据分离，数据单独存放，用数据来驱动测试脚本。这就牵涉到一个问题，数据存放到哪里？一般情况下，都是存放在 DB、Excel、TXT、XML 等文件中。当然，如果是一些不太复杂的数据，也可以考虑使用 TestNG 的 Annotation "DataProvider"，具体情况根据项目的大小、规划和人力资源而定，这里我们以 Excel 为例，框架模式为 WebDriver+TestNG+Maven+Excel。

图 4-3 模块化与数据驱动框架

接下来，我们就对模块化框架中的脚本试着用数据驱动的方式来实现。首先创建一个 Maven project，在 pom.xml 中添加如下配置：

```
<dependencies>
    <dependency>
        <groupId>org.seleniumhq.selenium</groupId>
        <artifactId>selenium-java</artifactId>
        <version>2.53.1</version>
    </dependency>
    <dependency>
        <groupId>org.seleniumhq.selenium</groupId>
        <artifactId>selenium-firefox-driver</artifactId>
        <version>2.53.1</version>
    </dependency>
    <dependency>
        <groupId>org.seleniumhq.selenium</groupId>
        <artifactId>selenium-server</artifactId>
        <version>2.53.1</version>
    </dependency>
    <dependency>
        <groupId>org.seleniumhq.selenium</groupId>
        <artifactId>selenium-remote-driver</artifactId>
        <version>2.53.1</version>
    </dependency>
    <dependency>
        <groupId>org.testng</groupId>
        <artifactId>testng</artifactId>
        <version>6.9.10</version>
    </dependency>
```

```xml
<dependency>
    <groupId>org.apache.poi</groupId>
    <artifactId>poi</artifactId>
    <version>3.9</version>
</dependency>
<dependency>
    <groupId>org.apache.poi</groupId>
    <artifactId>poi-ooxml</artifactId>
    <version>3.9</version>
</dependency>
<dependency>
    <groupId>org.assertj</groupId>
    <artifactId>assertj-core</artifactId>
    <version>3.5.2</version>
</dependency>
</dependencies>
```

其中，org.apache.poi 是 Apache 软件基金会的开放源码函数库，POI 提供 API 给 Java 程序对 Microsoft Office 格式档案读和写的功能，是用来操作 Excel 的利器；org.assertj 是比 TestNG 自带的更为好用的断言包，支持流式断言，后面会有一些例子供大家参考。

那么我们如何设计数据的存储呢？哪些数据需要分离出来？哪些数据可以不分离？分离出来的数据怎么设计？这些都是需要仔细考量的。比如，系统的 url 可以不分离出来，直接定义为常量即可；再如用户名和密码、查询用的订单号和日期等都必须分离出来。简单而言，就是对于系统框架和不会更改的可以不分离出来，而测试用例中用到的数据最好分离出来。至于分离出来的数据是一条测试用例一行数据还是多行数据，都可以根据具体的测试用例而定，并没有硬性要求。这里我们的例子就将系统网址设为常量，测试用例的数据分离如图 4-4 所示。

Test_Case_ID	UserName	PassWord	OrderId
Login_01	test@pingxx.com	testadmin	
SearchOrderById_01	test@pingxx.com	testadmin	68239890123985

图 4-4 数据分离

在 lib jar 包中创建一个 ExcelUtil 类，添加如下几个处理表格的方法。

```
private static XSSFSheet ExcelWSheet;
private static XSSFWorkbook ExcelWBook;
private static XSSFCell Cell;
```

```java
/**
 * 设置文件路径,创建工作簿 XSSFWorkbook
 * @param Path
 * @throws Exception
 */
public static void setExcelFile(String Path) throws Exception {
    FileInputStream ExcelFile = new FileInputStream(Path);
    ExcelWBook = new XSSFWorkbook(ExcelFile);
}

/**
 * 获取指定的行号、列号和表名中的测试数据
 * @param RowNum
 * @param ColNum
 * @param SheetName
 * @return String
 * @throws Exception
 */
public static String getCellData(int RowNum, int ColNum, String SheetName) throws Exception {
    ExcelWSheet = ExcelWBook.getSheet(SheetName);
    try {
        Cell = ExcelWSheet.getRow(RowNum).getCell(ColNum);
        String CellData = Cell.getStringCellValue();
        return CellData;
    } catch (Exception e) {
        return "";
    }
}

/**
 * 获取指定的表名的行数
 * @param SheetName
 * @return int
 * @throws Exception
 */
public static int getRowCount(String SheetName) {
    ExcelWSheet = ExcelWBook.getSheet(SheetName);
```

```java
            int number = ExcelWSheet.getLastRowNum();
            return number;
    }
    //This method is to get the Row number of the test case
    //This methods takes three arguments(Test Case name , Column Number & Sheet name)
    /**
     * 获取指定的测试用例名称、列号和表名的行数,当测试用例名称不一样的时候,就算作另一个测试用例
     * @param sTestCaseName
     * @param colNum
     * @param SheetName
     * @return int
     * @throws Exception
     */
    public static int getRowContains(String sTestCaseName, int colNum, String SheetName) throws Exception
    {
            int i;
            ExcelWSheet = ExcelWBook.getSheet(SheetName);
            int rowCount = ExcelUtils.getRowCount(SheetName);
            for (i=0 ; i<rowCount; i++){
                    if   (ExcelUtils.getCellData(i,colNum,SheetName).equalsIgnoreCase(sTestCaseName)){
                            break;
                    }
            }
            return i;
    }

    /**
     * 根据指定的表名、测试用例 ID、测试用例开始的行号获取测试步骤的行数
     * @param SheetName
     * @param sTestCaseID
     * @param iTestCaseStart
     * @return int
     * @throws Exception
     */
    public static int getTestStepsCount(String SheetName, String sTestCaseID, int iTestCaseStart)
```

```
throws Exception
    {
        for(int i=iTestCaseStart;i<=ExcelUtils.getRowCount(SheetName);i++)
        {
            if(!sTestCaseID.equals(ExcelUtils.getCellData(i, Constants.Col_TestCaseID, SheetName)))
            {
                int number = i;
                return number;
            }
        }
        ExcelWSheet = ExcelWBook.getSheet(SheetName);
        int number=ExcelWSheet.getLastRowNum();
        return number;
    }

    /**
     * 根据指定的文件路径、表名、行号、列号获取表格内的测试数据
     * @param ExcelPath
     * @param sheetName
     * @param row
     * @param column
     * @return String
     * @throws Exception
     */
    public String get_Value_InSpecifiedCell_FromExcel(String ExcelPath, String sheetName, int row, int column) {
        String cellValue = "";
        try {
            File file = new File(ExcelPath);
            FileInputStream fis = new FileInputStream(file);
            // Get the workbook instance for XLS file
            XSSFWorkbook workbook = new XSSFWorkbook(fis);
            // Get the specified sheet from the workbook
            XSSFSheet sheet = workbook.getSheet(sheetName);
            if (sheet.getRow(row).getCell(column) != null) {
                XSSFCell cell = sheet.getRow(row).getCell(column);
                switch (cell.getCellType()) {
```

```
                        case XSSFCell.CELL_TYPE_FORMULA:
                            XSSFFormulaEvaluator evaluator = workbook.getCreationHelper().
createFormulaEvaluator();
                            evaluator.evaluateFormulaCell(cell);
                            cellValue = String.valueOf((cell.getNumericCellValue()));
                            cellValue = cellValue.substring(0, cellValue.length() - 2);
                            break;
                        case XSSFCell.CELL_TYPE_STRING:
                            cellValue = cell.getStringCellValue();
                            break;
                        case XSSFCell.CELL_TYPE_NUMERIC:
                            cellValue = String.valueOf((cell.getNumericCellValue()));
                            cellValue = cellValue.substring(0, cellValue.length() - 2);
                            break;
                    }
                }
                fis.close();
            } catch (NullPointerException e) {
                e.printStackTrace();
            } catch (FileNotFoundException e) {
                e.printStackTrace();
            } catch (IOException e) {
                e.printStackTrace();
            }
            return cellValue;
        }
```

引入的 jar 包如下：

```
import org.apache.poi.xssf.usermodel.XSSFCell;
import org.apache.poi.xssf.usermodel.XSSFFormulaEvaluator;
import org.apache.poi.xssf.usermodel.XSSFSheet;
import org.apache.poi.xssf.usermodel.XSSFWorkbook;
```

如此，便可以用 Excel 中的数据设计测试脚本，用订单号搜索的脚本可以变更为：

```
        /**
         * 根据指定的订单号搜索订单
         * @throws Exception
         */
```

```
    @Test
    public void searchSpecifiedOrderById() throws Exception {
        driver.get(url);        // 打开网页
        common.login(driver,ExcelUtil.getCellData(2, 1, "testData01"),ExcelUtil.getCellData(2, 2, "testData01"));
        driver.findElement(By.id("search")).click();
        driver.findElement(By.id("order_id")).sendKeys(ExcelUtil.getCellData(2, 3, "testData01"));
        assertThat(driver.findElement(By.id("orderid"))).isNotNull()
                            .isEqualTo(ExcelUtil.getCellData(2, 3, "testData01"));
        driver.findElement(By.id("search_btn")).click();
        common.logout(driver);
    }
```

这样，如果你想换一个订单号查询，只需要修改 Excel 表格就可以了，无须再修改代码、重新打包这样麻烦了。

用这样的方法，你可以创建更多的测试脚本。最后用另一张表格去管理 case，为每一条 case 加上一个标签，标明它的优先级，或者标明它属于哪一个级别的测试脚本，如冒烟测试、集成测试、回归测试等。如图 4-5 所示，Priority=0 表明要做回归测试，Priority=1 表明要做 Daily check，Priority=2 表明要做冒烟测试。

当然，你也可以用 TestNG 的 annotation "groups" 来为测试脚本分类，以方便对脚本的管理和运行。例如，@Test(groups = { "regression", "smoke" })表明是属于 regression 和 smoke 两个 group 的，@Test(groups = { "regression" })只属于 regression 这一个 group。

最后，一定要保证框架结构清晰，lib 包含需要引用的类，driver 用来存放驱动程序，res 用来配置测试数据，config 用来处理配置文件，util 用来实现常用方法，chk 用来处理检查点，test-output 用来存放测试报告等，如图 4-6 所示。

这里只是对数据驱动的框架做了个引子，你可以根据自己的项目做出更为复杂的测试脚本。至此，我们看看数据驱动的一些优缺点。

优点：

测试数据仅数值变化时无须修改脚本。
脚本和数据分离，可分开维护。

缺点：

需要花更多时间定义如何分离和存取测试数据。
对脚本开发和维护人员要求较高。

Test_Case_ID	Priority
Login_00	0
Login_01	1
Login_02	2
SearchOrderById_00	2
SearchOrderById_01	2
SearchOrderById_02	1

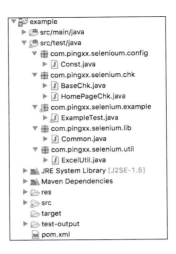

图 4-5　管理 Case　　　　　　　　图 4-6　框架结构

4.4　关键字驱动框架

接下来还要向大家介绍一种作为初学者应该不会用到的框架，那就是关键字驱动框架，它需要你根据测试用例定义关键字，并使其与相应的 action 或者 function 关联起来。而这里的关键字有两种，一种是 function 级别的，比如把 login 这个方法直接定义为关键字；另一种是把 action 级别的作为关键字，比如单击 click、输入 input、关闭 close 等。如图 4-7 所示就是以 action 作为关键字的。特别说明，因为该框架使用了外部的数据源（比如 Excel 数据表）去读取脚本中的关键字和测试过程，所以较难调试，故而不建议初学者使用这种框架。

TestCaseID	TS_ID	Description	PageObject	Action_Keyword
Login_01	TS_001	Open the Browser		openBrowser
Login_01	TS_002	Navigate to website		navigate
Login_01	TS_003	Click on My Account button on the top right location	btn_MyAccount	click
Login_01	TS_004	Enter the username in the username field	txtbx_UserName	input_UserName
Login_01	TS_005	Enter the password in the password field	txtbx_Password	input_Password
Login_01	TS_006	Click on Login button	btn_LogIn	click
Login_01	TS_007	Wait for some time		waitFor
Login_01	TS_008	Click on logOut button	btn_LogOut	click
Login_01	TS_009	Close the Browser		closeBrowser

图 4-7　关键字驱动框架

用过 QTP 的都知道，它可以利用 spy 将页面元素存入 OR（Object Repository），以达到分离并管理页面元素的目的。其实 Selenium 也可以，其一，用 FindBy 来管理，不止可以用 id、name，还可以用 xpath、classname、css 等，代码如下：

```
@FindBy(id= "A")
private WebElement A;

@FindBy(how = How.NAME, using = "logonName")
private WebElement logonNameField;

@FindBy(how = How.NAME, using = "password")
private WebElement passwordField;
```

其二,可以将页面元素存入一个 property 文件中来集中管理,首先创建一个名为 OR.txt 的文件,然后存入你需要用到的页面元素,代码如下:

```
# Home Page Objects
btn_MyAccount=.//*[@id='account']/a
btn_LogOut=.//*[@id='account_logout']
# Login Page Object
txtbx_UserName=.//*[@id='log']
txtbx_Password=.//*[@id='pwd']
btn_LogIn=.//*[@id='login']
```

在使用时可以参考 Java Property 的用法,这里先定义一个静态 Properties 变量,

```
public static Properties OR;
```

而后添加如下代码即可使用。

```
String Path_OR = Constants.Path_OR;
FileInputStream fs = new FileInputStream(Path_OR);
OR= new Properties(System.getProperties());
OR.load(fs);
```

下面我们定义一个类来存放关键字:

```
public class ActionKeywords {
    public static WebDriver driver;

    //All the methods in this class now accept 'Object' name as an argument
    public static void openBrowser(String object){
        driver=new FirefoxDriver();
        driver.manage().timeouts().implicitlyWait(30, TimeUnit.SECONDS);
        driver.manage().window().maximize();
    }

    public static void navigate(String object){
```

```java
        driver.get(Constants.URL);
    }
    public static void click(String object){
        //This is fetching the xpath of the element from the Object Repository property file
        driver.findElement(By.xpath(OR.getProperty(object))).click();
    }

    public static void input_UserName(String object){
        driver.findElement(By.xpath(OR.getProperty(object))).sendKeys(Constants.UserName);
    }

    public static void input_Password(String object){
        driver.findElement(By.xpath(OR.getProperty(object))).sendKeys(Constants.Password);
    }

    public static void waitFor(String object) throws Exception{
        Thread.sleep(5000);
    }
    public static void closeBrowser(String object){
        driver.quit();
    }
}
```

提示　其中 input_UserName 和 input_Password 两个方法读取的是外部数据,即采用了数据分离。

下面是驱动这个表格的代码,其中用到了反射机制(这里不做讲解),更多信息可以参考 http://toolsqa.com/(网站有点慢,不需要翻墙)。

```java
public class DriverScript {
    public static Properties OR;
    public static ActionKeywords actionKeywords;
    public static String sActionKeyword;
    public static String sPageObject;
    public static Method method[];

    public static int iTestStep;
    public static int iTestLastStep;
    public static String sTestCaseID;
```

```java
        public static String sTestCaseSheetName;
        public static String sRunMode;

        public DriverScript() throws NoSuchMethodException, SecurityException{
            actionKeywords = new ActionKeywords();
            method = actionKeywords.getClass().getMethods();
        }

        public static void main(String[] args) throws Exception {
            ExcelUtils.setExcelFile(Constants.Path_TestData);

            String Path_OR = Constants.Path_OR;
            FileInputStream fs = new FileInputStream(Path_OR);
            OR= new Properties(System.getProperties());
            OR.load(fs);

            DriverScript startEngine = new DriverScript();
            startEngine.execute_TestCase();
        }

        private void execute_TestCase() throws Exception
        {
            //This will return the total number of test cases mentioned in the Test cases sheet exclude column name
            int iTotalTestCases = ExcelUtils.getRowCount(Constants.Sheet_TestCasesList);
            //This loop will execute number of times equal to Total number of test cases
            // iTestcase=1 means that start the first test case, not the column name
            for(int iTestcase=1;iTestcase<=iTotalTestCases;iTestcase++)
            {
                //This is to get the Test case name from the Test Cases sheet
                sTestCaseID = ExcelUtils.getCellData(iTestcase, Constants.Col_TestCaseID, Constants.Sheet_TestCasesList);
                //This is to get the Test case sheet name from the Test Cases sheet
                sTestCaseSheetName = ExcelUtils.getCellData(iTestcase, Constants.Col_TestCaseSheetName, Constants.Sheet_TestCasesList);
                //This is to get the value of the Run Mode column for the current test case
                sRunMode = ExcelUtils.getCellData(iTestcase, Constants.Col_RunMode,Constants.Sheet_TestCasesList);
                //This is the condition statement on RunMode value
                if (sRunMode.equals("Yes"))
                {
```

```java
                        //Only if the value of Run Mode is 'Yes', this part of code will execute
                        iTestStep = ExcelUtils.getRowContains(sTestCaseID,
Constants.Col_TestCaseID, sTestCaseSheetName);
                        iTestLastStep = ExcelUtils.getTestStepsCount(sTestCaseSheetName,
sTestCaseID, iTestStep);
                        //This loop will execute number of times equal to Total number of test steps
                        for (;iTestStep<=iTestLastStep;iTestStep++)
                        {
                            sActionKeyword = ExcelUtils.getCellData(iTestStep,
Constants.Col_ActionKeyword,sTestCaseSheetName);
                            sPageObject = ExcelUtils.getCellData(iTestStep,
Constants.Col_PageObject, sTestCaseSheetName);
                            execute_Actions();
                        }
                    }
                }
            }
            private static void execute_Actions() throws Exception {
                for(int i=0;i<method.length;i++){
                    if(method[i].getName().equals(sActionKeyword)){
                        method[i].invoke(actionKeywords,sPageObject);
                        break;
                    }
                }
            }
        }
```

至此，简单介绍了 4 种测试框架，在测试实践中没有一个项目是完全按照书本来的，都是具体问题具体分析，读者应该根据项目的实际情况和人力资源充分了解你的项目需求，分析实施的可能性，分析 ROI（Return On Investment，投资回报率），最后定下来到底是不是要做、怎么做。是选一个现成的框架，还是新设计一个框架；是设计一个如上所说的，还是一个混合型的。因此，并无标准。笔者认为测试的关键是思维方式，而编写自动化测试脚本只是为了解放部分劳动力，从而让你在测试的工作中更加充分地发挥潜能。

参考文献地址：http://toolsqa.com/。

第 5 章

HTML 5 测试

现在，当你用浏览器打开一个有格调、炫酷的网站时，右击网页，查看源代码，会发现第一行代码 DOCTYPE 是这样的：

`<!DOCTYPE html>`

而在 10 年前，网页的第一行代码往往是这样的：

`<!DOCTYPE html PUBLIC "-//W3C//DTD XHTML 1.0 Transitional//EN" "http://www.w3.org/TR/xhtml1/DTD/xhtml1-transitional.dtd">`

你或许已经知道，这种简短好记的 DOC TYPE 正是 HTML 5 带来的。如图 5-1 所示，早在 20 世纪 90 年代，HTML 就有过几次快速的发展，这里不细述发展史，但 HTML 背后的故事确实很有趣，比如正式版是从 2.0 开始的；后来出现的 XHTML 2 还尴尬地被弃用，没有大范围推广。好在 W3C 认识到自己的错误，在 2007 年组建了 HTML 5 工作组，在 WHATWG 工作组的既有成果上开展工作，才有了今天的 HTML 5。

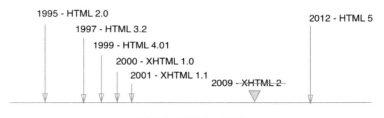

图 5-1　HTML 发展史

作为目前最新的 HTML 标准，大家提起 HTML 5，已经不单单指一项标准，也不仅仅指代某一项明确的技术，HTML5 很多时候是作为包括 HTML + CSS + JavaScript 在内的一套技术组合被提起的，它俨然已经成为"在 Web 上做一切好玩东西"的代名词。

不少人认为 HTML 5 代表着未来发展方向，除了上面提到的外，它对 HTML 的改进避免了不必要的复杂性；它还引入了新元素，兼容过去的写法，甚至支持了之前不合乎规范的写法。正如以下代码所示，它们都可以在支持 HTML 5 的浏览器上执行，且效果一致。

```
<p class="test">Hello world</p>
<p class="test">Hello world
<P CLASS="test">Hello world</P>
<p class=test>Hello world</p>
```

你可以访问 http://html5demos.com/，对 HTML 5 的特性有大致的了解。对 HTML 5 越了解，测试人员在进行相关的测试脚本开发和框架选型上会越有效率。不少 Web 测试的经验都可以复用。

本章将介绍 Selenium WebDriver 在 HTML 5 中常见的新特性 Web Storage、Application Cache、Canvas、Video 方面的应用。

5.1 Web Storage

凡是接触过 Web 技术的人，对客户端存储的 Cookies 不会陌生。而现在，HTML 5 引入了更安全、更快的 Web 存储方式来保存客户端数据，即 Web Storage API。Web Storage 定义了两种存储方式：Local Storage 和 Session Storage。

在 Chrome 浏览器中，右击网页，在打开的快捷菜单中依次选择 Inspect→Resources，可直接查看它们的值。

5.1.1 Local Storage

如图 5-2 所示，以一款 HTML 5 小游戏为例，Local Storage 是作为游戏记分使用的。与 Cookies 类似的是，Local Storage 以字符串形式存储，浏览器会解析成键值对的形式显示在控制台中。而与之不同的是，Local Storage 的数据不会包含在每个服务器请求中，它们只有在需要时才被使用。因此，Local Storage 与 Cookies 相比，对 Web 应用的性能影响更小。另外，Local Storage 存放数据一般在 5MB，Cookies 是 4K 左右。如果 Cookies

没有设置失效时间，默认是关闭浏览器后失效；而 Local Storage 除非被清除，否则会永久保存。

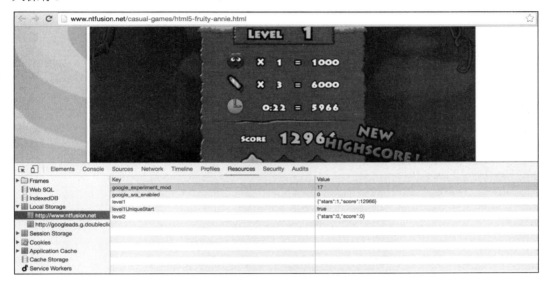

图 5-2　Local Storage 的应用

Selenium WebDriver 可以通过执行 JavaScript 的方式对 local storage 进行设置、获取、删除、清空的操作。可以编写如下的 JavaScript 脚本完成上述操作。

```
# -*- coding: utf-8 -*-

from selenium import webdriver

driver = webdriver.Firefox()
driver.get('http://html5demos.com/storage-events')

# 对文本框赋值，该页面程序会把这个值作为 local storage 存储
driver.find_element_by_id('data').send_keys('selenium_testing')

# 获得第一个 local storage 的值，对于该程序而言，也是唯一一个值
value = driver.execute_script("return localStorage.getItem(localStorage.key(0));")
print('The value is: ' + value)

# 获得该页面所有的 local storage 的值
# 由于只有一个键值对数据，仍返回一个值，但是是 list 类型
```

```python
scriptArray = """return Array.apply(0, new Array(localStorage.length)).map(function (o, i)
                { return localStorage.getItem(localStorage.key(i)); }
                )"""

result = driver.execute_script(scriptArray)
print("Lets see the list of local storage - 1st:")
print(result)

# 通过 js 设置 local storage 中的值
driver.execute_script("localStorage.setItem('Test-key','Test-value')")

# 再次获取 local storage
result = driver.execute_script(scriptArray)
print("Lets see the list of local-storage - 2nd:")
print(result)

# 关闭页面
driver.close()

# 创建新的 webdriver 对象，打开页面
driver = webdriver.Firefox()
driver.get('http://html5demos.com/storage-events')

# 获取 local storage 的值
result = driver.execute_script(scriptArray)
print("Lets see the list of local-storage - 3rd:")
print(result)

driver.quit()
```

输出结果：

```
The value is: selenium_testing
Lets see the list of local storage - 1st:
[u'selenium_testing']
Lets see the list of local-storage - 2nd:
[u'Test-value', u'selenium_testing']
Lets see the list of local-storage - 3rd:
[]
```

由此，我们得出结论：Selenium WebDriver 对 Local Storage 操作的关键是 JavaScript 语句。如果这部分操作报错，应该在浏览器控制台中调试，以确保 JavaScript 代码无误。

同理，可以通过 JS 代码删除、清空 Local Storage：

```
localStorage.removeItem(key);
localStorage.clear();
```

输出结果中，第 3 次获取 Local Storage 的值为空。说明新建的 Driver 对象获取不到之前 Driver 设置的 Local Storage。其实，Driver 也无法获取本地真实浏览器中的 Local Storage 数据。因为从本质上来说，即便 Selenium WebDriver 与 Selenium RC 的 JavaScript 注入不同，但它依然不是在真实浏览器中操作的，而是基于 WebDriver Wire Protocol 的远程调用方式发起请求来控制浏览器的操作。

从安全的角度来说，任何客户端的数据都不应该被信任，包括 Local Storage。Twitter 就曾被发现过 Local Storage 的 XSS 漏洞。

5.1.2 Session Storage

Session Storage 与 Local Storage 类似，只是生命周期不同。Session Storage 是基于会话的，用户关闭浏览器之后，数据即被删除。因此，Session Storage 不属于持久化存储；而 Local Storage 则没有时间限制，除非主动删除，否则会一直存在。

Session Storage 是在同源的同一窗口（或标签页）中始终存在的数据。也就是说，只要这个浏览器窗口没有关闭，即使刷新页面或进入同源的另一页面，数据仍然存在。关闭窗口后，Session Storage 即被销毁。同时独立地打开不同窗口，即使是同一页面，Session Storage 数据也是不同的。

Selenium WebDriver 对于 Session Storage 的支持同样体现在 JavaScript 的执行上，将语句中的 localStorage 替换为 sessionStorage 即可。

5.2　Application Cache

Application Cache 用于在本地存储静态资源，如图 5-3 所示。这样便可以离线应用，这些资源文件在断网之后仍能访问。

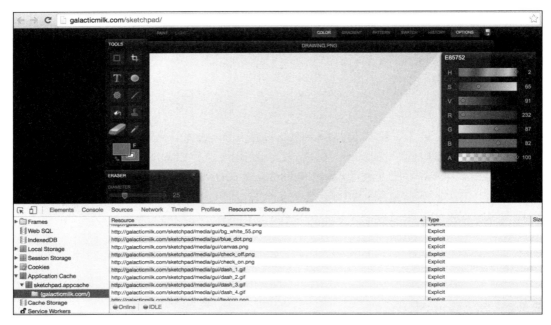

图 5-3　Application Cache 的应用

5.2.1　获得 Application Cache 当前的状态

Application Cache 有 uncached、idle、checking、downloading、update_ready、obsolete 六种状态。如图 5-4 所示，状态的流转通常是由浏览器控制的。在某些 Web 项目的测试过程中，我们有时候需要检查 Application Cache 状态是否符合预期。Selenium WebDriver 提供的方法可以很方便地查看状态。

以下代码演示了如何获取 Application Cache 的当前状态。

```
from selenium import webdriver
driver = webdriver.Firefox()
driver.get('http://galacticmilk.com/sketchpad/')
ApplicationCache = driver.application_cache
print(ApplicationCache.status)
driver.close()
```

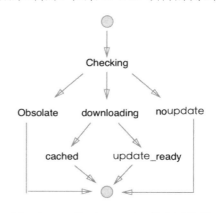

图 5-4　Application Cache 状态转换图

5.2.2　设置网络连接状态在线/离线

目前，主流的浏览器（Firefox、IE9+、Chrome、Safari、Opera 等）均对 HTML 5 有了很好的支持，无论笔记本、台式机，还是智能手机都可以很方便地浏览基于 HTML 5 应用的。

如图 5-5 所示，Selenium 支持的 set_network_connection 方法属于 mobile 属性，还可以通过 Appium 框架使用。这说明该方法只能用于移动应用的测试中。

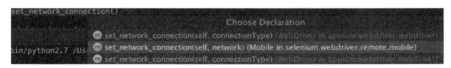

图 5-5　Pycharm 中的调试截图

Appium 支持两种测试模式，即 Native App 与 Web View，用于测试移动设备的 App 与 Web 页面，如果是 Hybrid 应用，就可进行模式切换。但如果我们的待测程序只是 HTML 5 页面，却想要使用 Native App 模式下才能使用的 set_network_connection 方法，那应该怎么做呢？

其实很简单，如图 5-6 所示，连接了安卓手机之后，Appium 会在手机上安装名为 settings_apk-debug.apk 的应用程序，而 Appium 正是通过它进行网络设定的。那么，在没有 Native App 的情况下，我们可以借由 Settings 的信息，利用 Appium 对手机的网络连接进行设置。

图 5-6　Appium 运行界面

以下代码演示了如何查看和设置移动设备（安卓手机）的网络连接状态。

```
# -*- coding: utf-8 -*-
```

```python
from appium import webdriver
from appium.webdriver.connectiontype import ConnectionType

desired_caps = dict()
desired_caps['appPackage'] = 'com.android.settings'
desired_caps['appActivity'] = 'Settings'
desired_caps['platformName'] = 'Android'
desired_caps['platformVersion'] = '6.0.0'
desired_caps['deviceName'] = 'Google Galaxy Nexus'

driver = webdriver.Remote('http://localhost:4723/wd/hub', desired_caps)
"""
获得当前设备网络连接状态
NO_CONNECTION = 0
AIRPLANE_MODE = 1
WIFI_ONLY = 2
DATA_ONLY = 4
ALL_NETWORK_ON = 6
"""
print("The current network connection type is " + driver.network_connection)
driver.set_network_connection(ConnectionType.NO_CONNECTION)
print("The current network connection type is " + driver.network_connection)

driver.quit()
```

输出结果：

```
The current network connection type is 2
The current network connection type is 0
```

第一行是设备当前的网络状态，你的结果可能不是 2（WIFI_ONLY），但第二行是设置为 NO_CONNECTION 的结果，状态应该是 0。

5.3　Canvas

　　Canvas 是 HTML 5 出现的新标签，拥有多种绘制路径、矩形、圆形、字符以及添加图像的方法，使用 JavaScript 在网页上绘图。对于传统 Web 技术而言，Canvas 元素可能是个新事物，但是从 UI 自动化测试的角度而言，Canvas 的自动化操作并不复杂。与处理常见元素的思路类似，只需要解决"界面操作"的问题。绘图元素的自动化测试场景是鼠标按照脚本指定的轨迹形成图像。也就是说，测试 Canvas 元素绘图这一功能，关键在于实现鼠标点击、移动等操作，这正是第 3 章介绍过的 ActionChains 事件的应用场景。

在上文的 5.2 节中，图 5-3 展示的画图程序就是利用 Canvas 元素实现的。接下来，我们将以它为例，用 Selenium WebDriver 鼠标事件绘制一个封闭图形，作为测试 Canvas 元素的练习。其代码如下：

```python
# -*- coding: utf-8 -*-
from selenium import webdriver
from selenium.webdriver.common.action_chains import ActionChains
from selenium.webdriver.support.ui import WebDriverWait
from selenium.webdriver.support import expected_conditions
from selenium.webdriver.common.by import By
import time
# 获得当前时间
def get_time():
    return time.strftime("%Y%m%d%H%M%S", time.localtime())
driver = webdriver.Firefox()
driver.get('http://galacticmilk.com/sketchpad/')
# 截图-保存初始界面
wait = WebDriverWait(driver, 5)
element = wait.until(expected_conditions.element_to_be_clickable((By.ID, 'ctx_marquee')))
driver.save_screenshot('init_{0}.png'.format(get_time()))
# 点击左侧工具箱中的刷子，用于作画
driver.find_element_by_xpath('//*[@id="tools"]/div/div[5]/div/div[1]/div[7]').click()
# 移动鼠标作画，并截图
actions = ActionChains(driver)
actions.click_and_hold(element).move_by_offset(30, 100).move_by_offset(100, 30).move_by_offset(-30,-100).move_by_offset(-100, -30).release().perform()
driver.save_screenshot('draw_{0}.png'.format(get_time()))
driver.quit()
```

输出结果：如图 5-7 和 5-8 所示，该测试脚本的目录中会新生成两份截图文件。

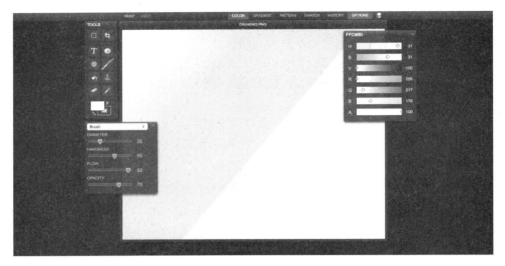

图 5-7 第一张截图

图 5-8 第二张截图

5.4 Video

有人说 HTML 5 是 Flash 的终结者，因为它把视频、音频、动画都标准化了，只要浏览器支持相应的 HTML 5 标签，就可以免除 Flash 插件的安装，直接播放视频。

如图 5-9 所示，以 Sencha Touch（移动开发框架）官方网站上的 video 示例程序为例，本节介绍 Selenium WebDriver 如何获取视频文件信息以及控制视频的暂停和播放。

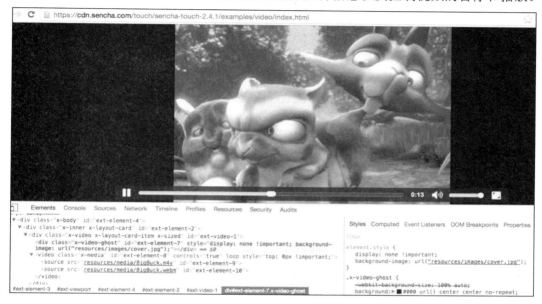

图 5-9　利用 Chrome 分析 Video 元素

以下代码演示了如何获取视频文件的网络路径以及播放时长。

```
# -*- coding: utf-8 -*-
from selenium import webdriver
import time
driver = webdriver.Firefox()
driver.get('https://cdn.sencha.com/touch/sencha-touch-2.4.1/examples/video/index.html')
# 单击页面，以显示视频对象
div_background = driver.find_element_by_id('ext-element-7')
div_background.click()
# 获得视频地址和时长
video_element = driver.find_element_by_id('ext-element-8')
source = driver.execute_script("return arguments[0].currentSrc;", video_element)
print("The path of video is " + source)
duration = driver.execute_script("return arguments[0].duration;", video_element)
print("The duration of video is {0} seconds".format(str(duration)))
# 控制视频的暂停和播放
time.sleep(10)
```

```
driver.execute_script("return arguments[0].pause();", video_element)
time.sleep(5)
driver.execute_script("return arguments[0].play();", video_element)
driver.close()
```

输出结果如下,打印出视频文件的网络路径和时长。

```
The path of video is
https://cdn.sencha.com/touch/sencha-touch-2.4.1/examples/video/resources/media/ BigBuck.m4v
    The duration of video is 26.772607 seconds
```

5.5 小　　结

这一章介绍了 HTML 5 页面与传统 Web 页面存在的部分常见的差异。细心的读者或许已经发现,本章在介绍如何测试某个元素或对象之前,并不是直接说明相应的 Selenium WebDriver 方法,而是先介绍待测对象是什么,再介绍如何测试它。例如 5.3 节的 Canvas 元素,前文的第 2、3 章都已经涵盖了绘图功能测试脚本中的知识点。也就是说,当我们对待测对象的本质足够了解时,测试方法往往是水到渠成的,是可以直接复用过去的知识来解决的。

此外,善用 JavaScript,可以让 Selenium WebDriver 发挥出更加强大的作用。当你用 Selenium 这个关键字搜索不到答案的时候,用 JavaScript 检索问题或许就会豁然开朗。例如本章介绍的 Web Storage 与 Video 的相关操作。

5.6 练　　习

将你平时经常浏览的网站作为练手程序,或者用搜索引擎找几款 HTML 5 示例网站,比如搜索 Excellent Examples of Websites Using HTML 5 之类的文章中罗列了很多站点可以练手。选择你熟悉的语言编写测试脚本,定位并操作 Web Storage、Canvas 和 Video 对象。

第 6 章

移动 App 测试：Appium

近几年，手机客户端的兴起让移动开发成为业内的热门话题。原生 App、移动 Web 早已屡见不鲜。越来越多的移动端测试工具和技术进入了人们的眼帘。选择移动测试工具时，我们一般会最先考虑两点：

（1）是否需要修改或重新编译待测 App。
（2）是否支持我们擅长的语言来编写脚本。

Appium 在以上两个方面的表现很出色。首先，它无须调整待测 App，在不同平台上使用了统一的自动化接口。其次，Selenium WebDriver 支持的任何语言，Appium 也是支持的，甚至可以用 Perl 调用 API，或者定义某种特定语言的客户端类库。Appium 官方文档（http://appium.io/slate/en/1.5.3/?java#）针对 Ruby、Python、Java、JavaScript、PHP 与 C#这 6 门语言的使用情况做了详细说明。

Appium 目前支持 iOS、Android 和 Firefox OS，然而 Mozilla 于 2015 年 12 月正式表态，不再研发和出售 Firefox OS 智能手机和设备。本章篇幅有限，将不涉及 Firefox OS 的内容，主要是从 iOS 和 Android App 测试的工作原理展开，介绍 Appium 在移动端测试的用法。

6.1 认识 Appium

如果读者对第 5 章 5.2.2 小节的内容还有印象，或许多少已经感觉到 Selenium 与 Appium 之间千丝万缕的联系。虽然这两种框架适用的场景不同，但是脚本编写的知识和思想是融会贯通的。本节将分别介绍 Appium 测试 iOS 应用与 Android 应用的工作原理，希望读者在阅读这部分内容的同时，能结合前文 Selenium 测试 PC 网页的工作原理来思考"自动化测试脚本在处理移动应用与 PC 网页之间存在哪些异同"。

6.1.1 Appium 是什么

简单来说，Appium 是一款开源的跨平台移动测试工具。它源于 2012 年 Dan Cuellar 在 Selenium 大会上用 Selenium 语法演示的 iOS 自动化。Appium 目前由国外的云测试平台 Sauce Labs 维护，虽然历经了多个组织和个人的更新，但它的定位从未变过，那便是 Selenium for Apps。

因此，Appium 与 Selenium WebDriver 的工作原理类似，也是根据 WebDriver JSON Wire 协议接收来自客户端发出的 HTTP 请求，之后 Appium Server 根据不同的平台进行不同的处理。

接下来，将分别介绍 Appium 测试 iOS 与 Android 应用的工作原理。

6.1.2 Appium 与 iOS 应用

在理解 Appium 测试 iOS 应用的工作原理之前，需要先了解两个概念：UI Automation API 与 Instruments。

UI Automation，即苹果公司提供的进行 UI 自动化的 JavaScript 库。在苹果的开发者文档中详细介绍了如何用 JavaScript 脚本来调用 UI Automation API，从而模拟用户在 iOS 应用界面上的各种操作。可以参阅：https://developer.apple.com/library/ios/documentation/DeveloperTools/Reference/UIAutomationRef/中的文档。

Instruments 又称为 Apple Instruments。它属于 Xcode 工具套件里的一部分，是一款非常强大且灵活的性能分析和测试工具。通过 Instruments 可以分析 iOS 应用的内存问题，可以测试设备某些特定的功能，比如 WiFi、蓝牙等，还可以通过自定义脚本来执行、回放用户操作，并收集过程中的数据。可以参阅：https://developer.apple.com/library/tvos/documentation/DeveloperTools/Conceptual/InstrumentsUserGuide/中的文档。

Appium 正是基于对上述两者的封装来实现 iOS 应用的自动化测试的。如图 6-1 所示，当我们执行测试脚本的时候，会形成 JSON 格式的 HTTP 请求发往 Appium Server，Appium Server 再将命令发送到 Instruments。随后，Instruments 向 iOS 设备中注入 bootstrap.js 文件。也就是说，测试脚本对 App 的每一步操作都是在已经被注入了 bootstrap.js 的 iOS 设备中执行的。而执行的自动化操作底层是苹果官方的 UI Automation。

举例来说，UI Automation 提供了两种方法来执行"输入"操作：

（1）直接调用 Element 的 setValue 方法。
（2）使用 UIAKeyboard 对象的 typeString 方法。

Appium 使用了方法二来实现"输入"，因为 typeString 是完全模拟人类手工输入的过程，方法一则是简单的赋值。

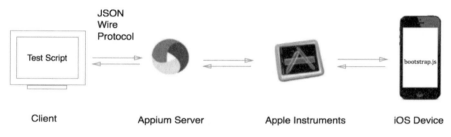

图 6-1　Appium 测试 iOS 应用的工作原理

6.1.3　Appium 与 Android 应用

Appium 对 Android 应用的自动化过程与 iOS 自动化类似。iOS 自动化测试的底层是苹果的 UI Automation，Android 设备自动化测试的底层则是 UI Automator。Android 开发者文档（https://developer.android.com/topic/libraries/testing-support-library/index.html#UIAutomator）对 UI Automator 接口做了详细的说明。调用 UI Automator 接口可以对 Android 设备进行各种操作，比如打开"设置"菜单或启动某个应用。

由于 UI Automator 框架要求 Android 版本是 4.3 或以上，即 API 级别为 18 或以上。Appium 针对更早的 Android 版本，对 Selendroid 框架也进行了封装。当我们执行测试脚本时，Appium 会根据 Android 版本来决定将命令向 UI Automator 还是 Selendroid 框架的接口发送。

如图 6-2 所示，运行在 Android 设备上的 bootstrap.jar，与前文提到的 iOS 设备上的 bootstrap.js 作用是一样的。值得一提的是，虽然 Selendroid 框架在这里仅被作为 Appium 的一部分，但在某些移动 App 的自动化测试项目中，Selendroid 框架是直接与 Selenium WebDriver 配合使用的。这是因为，尽管 Selendroid 仅支持 Android 应用，社区影响力也不如 Appium，但由于它某些方面更强大，比如 Selendroid 可以很方便地完成屏幕亮度调整、后台运行 App 并恢复等操作，有些团队在移动测试框架选型上，还是选择了 Selendroid，而不是 Appium。若对 Selendroid 有兴趣，可访问官方网站（http://selendroid.io/）了解详情。

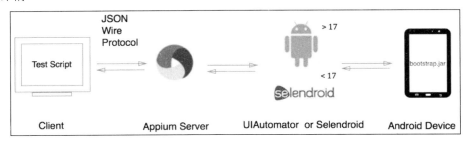

图 6-2　Appium 测试 Android 应用的工作原理

6.2　开始使用 Appium

6.2.1　准备工作

1. Node 与 NPM

Appium 是用 Node.js（又称 Node）编写的 HTTP Server，所以无论你的工作机是 Mac 还是 Windows，无论脚本是为了测试 iOS 还是 Android，在使用 Appium 之前，都需要先准备好 Node 运行环境。

NPM 全称是 Node Package Manager，即 Node 包管理器。Node 包的安装、卸载、更新、查看、搜索等工作都可以用 NPM 来操作。在 Node 安装完成之后，有自带的 NPM 供使用。

（1）在 Windows 下安装 Node

你可以直接在 http://nodejs.org/dist/ 中下载已经编译好的.msi 文件，双击即可在程序引导下完成安装。

（2）在 Mac 下安装 Node

可以直接用 homebrew 安装，命令如下：

```
brew install node
```

Node 安装完成之后，可以在终端输入命令 node –v 来查看版本号。

- iOS 应用与 Android 应用

Appium 测试 iOS 应用与 Android 应用的工作原理不同，因而对系统环境的要求也不一样，详情请参见表 6-1。需要注意的是，只有在 Mac 上才能进行 iOS 应用的自动化测试。

表 6-1 iOS 与 Android 测试环境要求

iOS 应用	Android 应用
Mac OS X 10.7 以上版本	Mac OSX 10.7 以上版本，或 Windows 7 以上版本，或 Linux
Xcode 4.5 以上版本，带有命令行编译工具	Android SDK ≥ 16（SDK < 16 in Selendroid mode）

6.2.2 Appium 的安装与启动

目前，Appium 的最新版本是 2016 年 6 月 8 日发布的 1.5.3 版本。它的安装和启动的方式有两种：通过终端命令或者界面化的应用程序，你可以根据自己的习惯两者择其一。下面将分别介绍使用终端命令和应用程序启动 Appium 的方法。

1. 使用命令安装与启动

Node 安装完成之后，我们就可以使用 npm 命令来安装 Appium 了。命令如下：

```
npm install -g appium
```

然而 npm 下载速度之慢，不光是国内的"程序猿"苦不堪言，也有墙外的同行吐槽。当我们用 npm 安装 Appium 的时候，或许并没有想象中顺利，如图 6-3 所示。

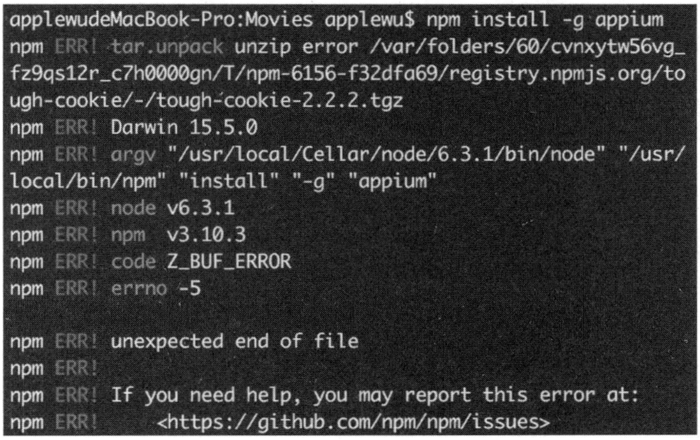

图 6-3 命令安装 Appium 出现异常

为了避免这种问题，我们可以使用由阿里团队维护的 npm 镜像—— cnpm 来提高下载速度。以下是详细的步骤。

（1）用 npm 来安装 cnpm，并替代 npm。

```
$ npm install -g cnpm --registry=https://registry.npm.taobao.org
```

（2）使用 cnpm 安装模块，用法与 npm 一样。安装 appium 命令为 cnpm install -g appium。

```
cnpm install [name]
```

安装完成后，可以用 appium 命令启动 Appium Server，如图 6-4 所示。用 appium-doctor 命令来检测本地环境是否满足 iOS 与 Android 自动化测试的条件，如图 6-5 所示。

```
applewuMBP:~ applewu$ appium
[Appium] Welcome to Appium v1.5.3 (REV 44a80e693a0dc0b28b4814b2897a9cc1cdd544c2)
[Appium] Appium REST http interface listener started on 0.0.0.0:4723
```

图 6-4　启动 Appium Server

```
Zitengs-MacBook-Pro:~ applewu$ appium-doctor
Running iOS Checks
✔ Xcode is installed at /Library/Developer/CommandLineTools
✔ Xcode Command Line Tools are installed.
✔ DevToolsSecurity is enabled.
✔ The Authorization DB is set up properly.
✔ Node binary found at /usr/local/bin/node
✔ iOS Checks were successful.

Running Android Checks
✔ ANDROID_HOME is set to "/Applications/adt-bundle-mac-x86_64-20140702/sdk/
"
✔ JAVA_HOME is set to "/Library/Java/JavaVirtualMachines/jdk1.8.0_25.jdk/Co
ntents/Home."
✔ ADB exists at /Applications/adt-bundle-mac-x86_64-20140702/sdk/platform-t
ools/adb
✔ Android exists at /Applications/adt-bundle-mac-x86_64-20140702/sdk/tools/
android
✔ Emulator exists at /Applications/adt-bundle-mac-x86_64-20140702/sdk/tools
/emulator
✔ Android Checks were successful.

✔ All Checks were successful
```

图 6-5　运行 appium-doctor

2. 使用应用程序安装与启动

Windows 与 Mac 各种版本的 Appium 应用都可以在 https://bitbucket.org/appium/appium.app/downloads/中下载。只需要根据文件的引导，即可完成 Appium 应用的安装过程。

图 6-6 是 Appium 应用启动后的初始界面。分为两个区，上方是工具栏，下方用于显示 Appium 运行过程中的命令。

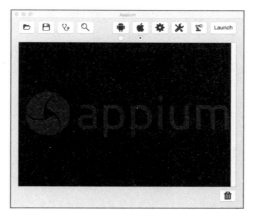

图 6-6　Appium Server 应用程序的初始界面

工具栏上的按钮依次是：📁 打开配置文件、💾 保存配置文件、🩺 Appium Doctor、🔍 检查器（Inspector）、🤖 编辑 Android 配置、 编辑 iOS 配置、⚙ 通用配置、🔧 开发者配置、∑ Robot 配置。

（1）Appium Doctor

图 6-7 所示是单击 Appium Doctor 按钮的检测结果，ANDROID_HOME 与 JAVA_HOME 两个关键的环境变量没有配置，说明不符合测试 Android App 的条件。由于 Node 与 Xcode 的配置无异常，说明当前系统可以测试 iOS App。

图 6-7　Appium 应用程序的 appium-doctor 检测结果

对于 Mac 系统，可以在~/.bash_profile 中配置 ANDROID_HOME 与 JAVA_HOME，即 Windows 环境下的系统变量。

（2）Inspector

Inspector 是用于定位元素的工具。以测试 iOS 应用为例，使用步骤如下：

步骤01 配置 iOS 应用的相关测试参数。如图 6-8 所示，应用路径、设备名称、版本号是必填的。

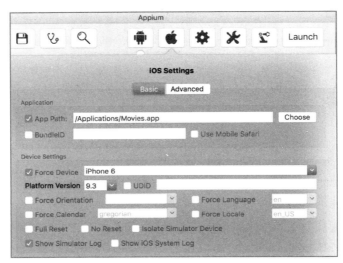

图 6-8　填写 Appium 应用中的 iOS 配置

这些参数是创建 desired_capabilities 对象的必要参数。虽然我们使用 Inspector 时还没有开始写 Appium 测试脚本，但是基于第 3 章对 Selenium WebDriver API 的学习，我们应该能猜到 desired_capabilities 在 Appium 脚本中的作用，即 desired_capabilities 对象是用于创建 Remote WebDriver 的。

```
desired_capabilities={
'app': app,
'platformName':'iOS',
'platformVersion':'9.3',
'deviceName':'iPhone 6'
}
```

步骤02 单击 Launch 按钮，运行 Appium Server。

步骤03 单击🔍，打开 Inspector 窗口。你将看到测试 App 界面上各个元素的属性，如图 6-9 所示。

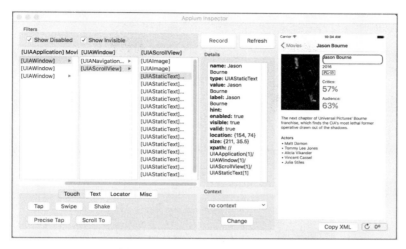

图 6-9　Appium 的 Inspector 使用

Inspector 支持录制，并可以转换为多种语言的脚本，如图 6-10 所示。

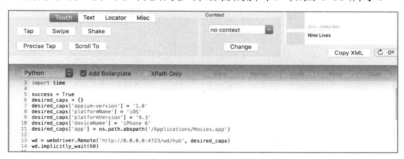

图 6-10　Inspector 生成 Python 脚本

Inspector 界面上还有各种常用操作的按钮，你可以通过它们来对录制后的脚本进行调整，如图 6-11 所示。

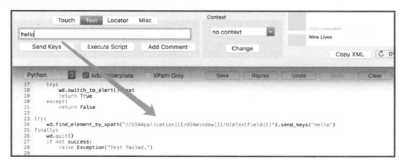

图 6-11　Inspector 生成 Python 脚本

6.3 原生 App 测试实践

本节的入门实践将从学习官方的示例脚本开始。Appium 安装完成之后,在安装目录中有个名为 sample-code 的文件夹,如 /usr/local/lib/node_modules/.appium_npminstall/node_modules/.1.5.3@appium/sample-code。我们可以在 sample-code 中找到 iOS 和 Android 的测试应用,以及多种语言的示例代码。如图 6-12 所示,本节将从 ios_simple.py 和 android_simple.py 开始学习。

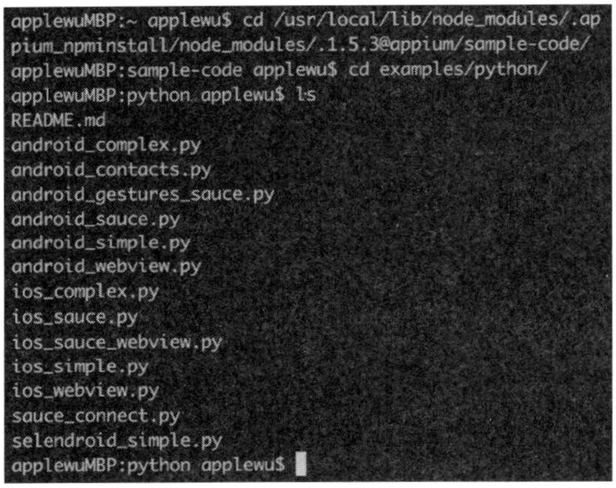

图 6-12　Appium 自带的 Python 示例

与 Selenium WebDriver 类似,若使用 Python 编写测试脚本,则需要先安装 Appium 的 Python 客户端包。以下是安装 Python 客户端包的命令,官方 Git 地址为 https://github.com/appium/python-client。

```
pip install Appium-Python-Client
pip install pytest
```

6.3.1 运行 ios_simple.py

以下是 ios_simple.py 源码,在 SimpleIOSTests 测试类中,有 setUp 方法用于初始化一个 Remote Driver 对象,要对 sample-code 目录中 apps/TestApp/build/release-iphonesimulator 下的 TestApp.app 进行自动化测试。tearDown 方法用于销毁这个 Driver 对象。test_ui_computation 与 test_scroll 是两个测试用例,分别用于测试 TextField1 与 TextField2 之和是否等于 Answer,以及地图滑动定位的功能。

通过阅读 ios_simple.py，我们希望能从代码层面了解以下问题：

（1）测试脚本作为客户端，如何与 Appium Server 通信？
（2）如何定位移动应用上的元素，并操作它们？
（3）如何进行结果验证？

```python
"""
Simple iOS tests, showing accessing elements and getting/setting text from them.
"""
import unittest
import os
from random import randint
from appium import webdriver
from time import sleep

class SimpleIOSTests(unittest.TestCase):

    def setUp(self):
        # set up appium
        app = os.path.join(os.path.dirname(__file__),
                           '../../apps/TestApp/build/release-iphonesimulator',
                           'TestApp.app')
        app = os.path.abspath(app)
        self.driver = webdriver.Remote(
            command_executor='http://127.0.0.1:4723/wd/hub',
            desired_capabilities={
                'app': app,
                'platformName': 'iOS',
                'platformVersion': '8.3',
                'deviceName': 'iPhone 6'
            })

    def tearDown(self):
        self.driver.quit()

    def _populate(self):
        # populate text fields with two random numbers
        els = [self.driver.find_element_by_name('TextField1'),
               self.driver.find_element_by_name('TextField2')]
```

```
            self._sum = 0
            for i in range(2):
                rnd = randint(0, 10)
                els[i].send_keys(rnd)
                self._sum += rnd

    def test_ui_computation(self):
        # populate text fields with values
        self._populate()

        # trigger computation by using the button
        self.driver.find_element_by_accessibility_id('ComputeSumButton').click()

        # is sum equal ?
        # sauce does not handle class name, so get fourth element
        sum = self.driver.find_element_by_name('Answer').text
        self.assertEqual(int(sum), self._sum)

    def test_scroll(self):
        els = self.driver.find_elements_by_class_name('UIAButton')
        els[5].click()

        sleep(1)
        try:
            el = self.driver.find_element_by_accessibility_id('OK')
            el.click()
            sleep(1)
        except:
            pass

        el = self.driver.find_element_by_xpath('//UIAMapView[1]')

        location = el.location
        self.driver.swipe(start_x=location['x'], start_y=location['y'], end_x=0.5, end_y=location['y'], duration=800)

    if __name__ == '__main__':
```

```
suite = unittest.TestLoader().loadTestsFromTestCase(SimpleIOSTests)
unittest.TextTestRunner(verbosity=2).run(suite)
```

当我们利用前文介绍的 Inspector 来分析 TestApp.app 时，如图 6-13 所示，我们会对 ios_simple.py 脚本有更直观的理解。

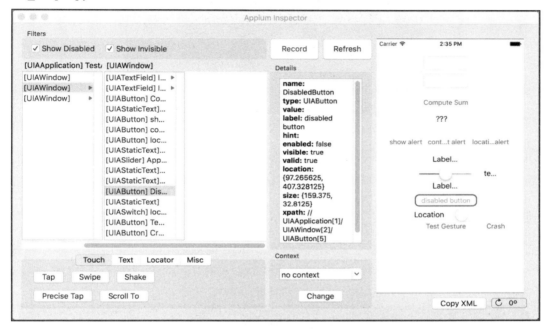

图 6-13　分析 TestApp 界面元素

在启动 Appium 之后，就可以用命令 python ios_simple.py 来运行测试脚本了。如果你本地 iOS 模拟器的版本不是 8.3，就需要将 ios_simple.py 中的 platformVersion 改为本地可用的版本号。否则脚本在运行时会报错：Message: An unknown server-side error occurred while processing the command. Original error: Could not find a device to launch. You requested 'iPhone 6 (8.3)', but the available devices were: XXX。这里的 XXX 代表终端打印出的本地可用的 iOS 模拟器/设备列表。

运行脚本之后，我们之前的问题也有了答案：

（1）当 Appium Server 在本地启动时，即开启端口 4723，客户端将请求发往 http://127.0.0.1:4723/wd/hub。如图 6-14 所示，测试脚本在执行的过程中，我们看到 Appium 的窗口中打印了不少命令，图中的内容正是 Appium Server 收到脚本的请求，开始创建 session 了。之后的 App 界面操作都是针对这个 session 的 HTTP 请求。

```
[MJSONWP] Calling AppiumDriver.createSession() with args: [{
"platformVersion":"9.3","...
[Appium] Creating new IosDriver session
[Appium] Capabilities:
[Appium]     platformVersion: '9.3'
[Appium]     deviceName: 'iPhone 6'
[Appium]     app: '/usr/local/lib/node_modules/.appium_npminst
all/node_modules/.1.5.3@appium/sample-code/apps/TestApp/buil
d/release-iphonesimulator/TestApp.app'
[Appium]     platformName: 'iOS'
[BaseDriver] Session created with session id: 6f8f0d60-a924-
4ed0-b998-5278fa597cdd
[debug] [iOS] Xcode version set to 7.3.1
[debug] [iOS] Not auto-detecting udid.
[BaseDriver] Using local app '/usr/local/lib/node_modules/.a
ppium_npminstall/node_modules/.1.5.3@appium/sample-code/apps
/TestApp/build/release-iphonesimulator/TestApp.app'
```

图 6-14　Appium Server 打印出的命令

（2）脚本中定位元素的方式与 Selenium WebDriver 类似，甚至方法名都是一样的。只要我们善用 Inspector 来获得元素的属性值，就可以很方便地在脚本中定位到它们。

（3）这里使用 unittest 方法来做断言。Appium 框架可以与其他测试框架相互配合。

没有 iPhone 的情况下，我们可以使用 Xcode 自带的 iOS 模拟器来运行 ios_simple.py。然而，意外无处不在。执行完毕后，我们发现 test_ui_computation 用例失败了。如图 6-15 所示，报错：InvalidSelectorException: Message: Locator Strategy 'name' is not supported for this session。

```
applewuMBP:python applewu$ python ios_simple.py
test_scroll (__main__.SimpleIOSTests) ... ok
test_ui_computation (__main__.SimpleIOSTests) ... ERROR

======================================================================
ERROR: test_ui_computation (__main__.SimpleIOSTests)
----------------------------------------------------------------------
Traceback (most recent call last):
  File "ios_simple.py", line 43, in test_ui_computation
    self._populate()
  File "ios_simple.py", line 32, in _populate
    els = [self.driver.find_element_by_name('TextField1'),
  File "/Library/Python/2.7/site-packages/selenium/webdriver/remote/webdriver.py", line 365, in find_element_by_name
    return self.find_element(by=By.NAME, value=name)
  File "/Library/Python/2.7/site-packages/selenium/webdriver/remote/webdriver.py", line 752, in find_element
    'value': value})['value']
  File "/Library/Python/2.7/site-packages/selenium/webdriver/remote/webdriver.py", line 236, in execute
    self.error_handler.check_response(response)
  File "/Library/Python/2.7/site-packages/appium/webdriver/errorhandler.py", line 29, in check_response
    raise wde
InvalidSelectorException: Message: Locator Strategy 'name' is not supported for this session

----------------------------------------------------------------------
Ran 2 tests in 126.830s

FAILED (errors=1)
```

图 6-15　示例 ios_simple 执行报错

原来，通过 name 定位元素的方式已经从 Appium 1.5 之后被移除了。于是，我们需要调整元素定位的方式，改由其他的属性（比如 class name）来定位。我们可以将以下代码：

```
els = [self.driver.find_element_by_name('TextField1'),
              self.driver.find_element_by_name('TextField2')]
……
sum = self.driver.find_element_by_name('Answer').text
```

改为：

```
els = [self.driver.find_elements_by_class_name('UIATextField')[0],
              self.driver.find_elements_by_class_name('UIATextField')[1]]
……
sum = self.driver.find_element_by_class_name('UIAStaticText').text
```

解决了代码问题后，ios_simple.py 的两个测试用例就可以通过了。

6.3.2 运行 android_simple.py

对于 Android 应用的测试，推荐使用 Genymotion 作为 Android 模拟器。如图 6-16 所示，Genymotion 可以方便、快速地创建多种设备类型、多种 Android 版本的模拟器。可以直接把本地主机上的 .apk 文件拖进模拟器中安装，并且与主机共享剪贴板，在电脑上复制过内容之后，再到模拟器中长按，即可粘贴。

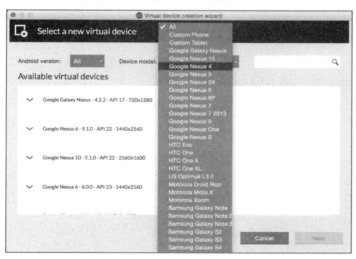

图 6-16　Genymotion 添加 Android 模拟器

Genymotion 对于个人用户免费，建议访问官方网站（https://www.genymotion.com/）下载并安装。

有了运行 ios_simple.py 的经验，我们运行 android_simple.py 就更加得心应手了。启动 Genymotion 模拟器后，直接输入以下命令运行 android_simple.py。

```
python android_simple.py
```

setUp 和 tearDown 方法与 6.3.1 节的 ios_simple.py 类似，只是初始化的时候，这里写的是 Android App 的信息，所以不再赘述。需要细说的是 android_simple.py 测试用例中的方法。

```
def test_find_elements(self):
        el = self.driver.find_element_by_accessibility_id('Graphics')
        el.click()
        el = self.driver.find_element_by_accessibility_id('Arcs')
        self.assertIsNotNone(el)
        self.driver.back()
        el = self.driver.find_element_by_accessibility_id("App")
        self.assertIsNotNone(el)
        els = self.driver.find_elements_by_android_uiautomator("new UiSelector().clickable(true)")
        self.assertGreaterEqual(12, len(els))
        self.driver.find_element_by_android_uiautomator('text("API Demos")')
```

find_element_by_accessibility_id：字面上很好理解这个方法，就是通过 accessibility_id 来查找元素。那么，什么是 accessibility_id 属性？这个属性的常见用途是什么呢？

对于 iOS 而言，accessibility_id 是 accessibility identifier 属性；对于 Android 而言，accessibility_id 是 content-description 属性。比如说，有一个 ImageView 中放置了一张颜色复杂的图片，色盲或色弱的人可能分不清图片的内容。如果用户安装了辅助浏览工具，比如 TalkBack，TalkBack 就会朗读出目前正在浏览的内容。对于 TextView 控件而言，TalkBack 可以直接读出里面的内容；但是对于 ImageView，TalkBack 就只能去读 contentDescription 的值，告诉用户这个图片到底是什么。

find_element_by_android_uiautomator：android_uiautomator 是特别有用的定位元素的方式。它是基于 Android UIAutomator 框架中的 UiSelector 类而来的。比如，我们需要找到 content-description 为 max 的元素，那么可以写为：

```
self.driver.find_elements_by_android_uiautomator("new UiSelector().description('max')")
```

关于更多的 UiSelector 方法，可参见官方文档：

https://developer.android.com/reference/android/support/test/uiautomator/UiSelector.html

> **阅读 Appium 示例代码的小插曲：找不到 ApiDemos 文件夹**
>
> 笔者在研究 Appium 的 sample code 时，还遇到过奇怪的事儿。装了两次 Appium，在 sample-code/apps 目录中都找不到 ApiDemos-debug.apk。后来发现在 node_modules/appium-android-driver 中。这个问题提交到 Github 上（https://github.com/appium/sample-code/issues/98），得到 Appium 成员的回复是 Appium itself does not come with any of the test code。我觉得很奇怪，毕竟 apps 目录中的其他文件都在。好在没什么大问题，更新文件路径之后，脚本顺利通过了。
>
> ```
> desired_caps['app'] = PATH(
>             '../../../sample-code/apps/ApiDemos/bin/ApiDemos-debug.apk'
> )
> ```
>
> 改为：
>
> ```
> desired_caps['app'] = PATH(
>             '../../../node_modules/appium-android-driver/ApiDemos-debug.apk'
> )
> ```

示例 ios_simple 和 android_simple 中用到的都是常规操作，而对于特定的移动手势和操作，你可能会用到表 6-2 所示的方法。强烈建议研读官方文档和 Appium Python 源码，了解更多细节。

表6-2 移动手势和操作方法

移动手势	操作方法
滑动 flick	flick(self, start_x, start_y, end_x, end_y) 通过坐标达到快速滑动的效果
滚动 scroll	scroll(self, origin_el, destination_el) 通过元素 locator，控制从屏幕的哪个元素滚动到哪个元素
拖动 swipe	swipe(self, startX, startY, endX, endY, duration) 缓慢拖动，通过坐标和时间来控制拖动效果
打开通知栏	open_notifications(self)
隐藏键盘	hide_keyboard(self, key_name=None, key=None, strategy=None)

6.3.3 寻找练手 App

在学习 Web 测试自动化的过程中，我们只要有个 URL，就可以把它作为测试程序开始学习自动化。而学习 App 自动化就稍曲折一些，我们需要有合适的 App 安装文件作为练手应用。或许你已经身处 App 产品团队，完全没有寻找练手 App 的烦恼，可以跳过这一小节；如果你需要收集练手 App 来丰富测试经验，那么本节提供了一种思路，即通过了解开发框架 react-native，把它的示例程序作为练手 App。

移动开发框架这么多，为什么提到 react-native？测试人员是否有必要学习一门开发框架？想必读者会有很多疑问。这要从 react-native 的背景说起。它是由 Facebook 开发的开源框架。与 Appium 一样，react-native 也是用 Node.js 实现的。react-native 可以使用 JavaScript 开发原生的 iOS 和 Android 应用，如图 6-17 所示。一方面，react-native 所涉及的知识与自动化测试人员的知识存在部分重叠，了解它可以增强对 JavaScript 的熟悉程度。JavaScript 知识越扎实，处理各种 UI 自动化测试也就越得心应手。另一个方面，开发框架的示例程序往往具有典型性，不会是简单的 Hello World，也不会是特别复杂的业务逻辑。更何况，通过一门框架进而加深对移动开发的了解可以为将来的测试设计提供更多的思路，何乐而不为呢？

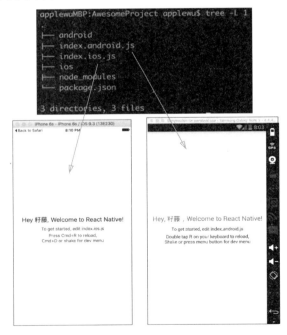

图 6-17 react-native 项目

在 react-native 自带的示例中，每个应用都有 iOS 和 Android 版本。在配置好环境，完成编译之后，我们可以得到 N 个 iOS 和 Android 版本的 Apps。

以 Movies 为例，https://github.com/facebook/react-native/tree/master/Examples/Movies 的结构如图 6-18 所示。

1. 准备环境

确保安装了 Node 和 NPM 之后，用 npm 命令安装 react native。

```
npm install -g react-native-cli
```

2. 运行 iOS 应用

在 Xcode 中打开 .xcodeproj，直接单击"运行"按钮即可。

3. 运行 Android 应用

确保已经在 ~/.bash_profile 文件中为 Android SDK、NDK 配置了环境变量。之后执行如下命令，将会把编译为 .apk 的文件安装到已连接的模拟器或真机上。

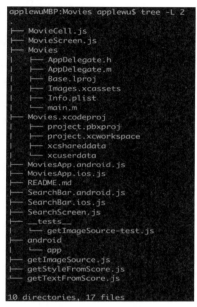

图 6-18 react native 自带示例 Movies 项目结构

```
cd react-native
./gradlew :Examples:UIExplorer:android:app:installDebug
```

我们开始动手编写 Movices 应用"列表搜索"功能的 iOS 和 Android 测试脚本。操作如下：

（1）在文本框内输入搜索的内容：Bad Moms。
（2）验证搜索到的第一项的 name 属性。

4. 编写 iOS 应用的测试脚本

前文已经细说了使用 Appium Inspector 查看 iOS 元素的方法，这里不再赘述。元素操作的方法如下：

```
def test_search(self):
        query_element = self.driver.find_element_by_xpath ('//UIAApplication[1]/UIAWindow[1]/UIATextField[1]')
        query_element.send_keys('Bad Moms')
```

```
        first_item = self.driver.find_element_by_xpath ('//UIAApplication[1]/UIAWindow[1]/
UIAScrollView[1]/UIAElement[1]')
        assert str(first_item.get_attribute('name')) == '    Bad Moms 2016 • Critics 63%'
```

5. 编写 Android 应用的测试脚本

虽然 Appium Inspector 也查看 Android 元素，但是在 Android SDK 的 tools 目录中，有一个名为 uiautomatorviewer 的工具也可以用于分析 Android App 的界面元素，甚至更受 Android 开发人员的青睐。因为它比 Appium Inspector 在 Android App 的使用上要简单。无须填写任何参数，启动 uiautomatorviewer 后，单击 按钮，它就会以快照的方式把当前 Android 设备上正在运行的 App 界面记录下来，如图 6-19 所示。

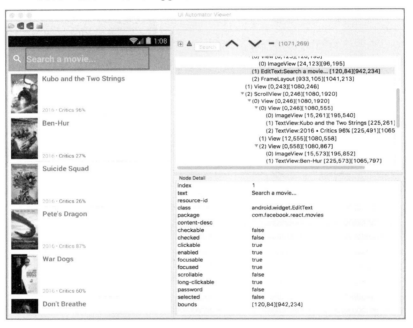

图 6-19　启动 uiautomatorviewer

以下是操作 Android 版 Movies 应用的脚本。

```
import unittest
import os
from selenium.webdriver.support.ui import WebDriverWait
from selenium.webdriver.support import expected_conditions
from selenium.webdriver.common.by import By
from appium import webdriver
```

```python
class MoviesIOSTests(unittest.TestCase):
    def setUp(self):
        # set up appium
        dir_path = os.path.dirname(os.path.realpath(__file__))
        app = dir_path + '/apps/Movies.apk'
        self.driver = webdriver.Remote(
            command_executor='http://127.0.0.1:4723/wd/hub',
            desired_capabilities={
                'app': app,
                'platformName': 'Android',
                'platformVersion': '4.4',
                'deviceName': 'Genymotion Emulator'
            })

    def tearDown(self):
        self.driver.quit()
        # self.driver.close_app()

    def test_search(self):
        # Wait for the query element
        WebDriverWait(self.driver, 8).until(expected_conditions.presence_of_element_located
((By.CLASS_NAME, 'android.widget.EditText')))
        query_element = self.driver.find_element_by_class_name('android.widget.EditText')
        query_element.send_keys('Bad Moms')
        first_item = self.driver.find_element_by_class_name('android.widget.TextView')
        assert str(first_item.get_attribute('text')) == 'Bad Moms'

if __name__ == '__main__':
    suite = unittest.TestLoader().loadTestsFromTestCase(MoviesIOSTests)
    unittest.TextTestRunner(verbosity=2).run(suite)
```

6.4　Web App 测试实践

图 6-20 所示是 Appium 示例程序自带的 WebView 应用。移动端的 Web 应用在主屏幕也会有一个 App 的图标，看起来跟原生 App 无异，但本质上说，它还是纯浏览器的应用。从业务功能来说，有不少 Web 应用在移动端上的使用与 PC 端并没有多少差别，

即同样的 URL 在 PC 端和移动端都可以访问，只是针对设备的不同进行了响应式布局。

图 6-20　Appium 自带应用 WebViewApp

以下是 Appium 官方提供的测试 Web App 的 Python 示例[②]代码。单从脚本中 WebDriver 对象的使用方法来看，并没有前几章未曾涉及的陌生知识点。那么，移动端的 Web App 与 PC 端的 Web 页面相比，有哪些需要额外了解的地方呢？

```
# setup the web driver and launch the webview app.
capabilities = {
    'platformName': 'iOS',
    'platformVersion': '7.1',
    'browserName': 'Safari',
    'deviceName': 'iPhone Simulator'
}
driver = webdriver.Remote('http://localhost:4723/wd/hub', capabilities)

# Navigate to the page and interact with the elements on the guinea-pig page using id.
driver.get('http://saucelabs.com/test/guinea-pig');
div = driver.find_element_by_id('i_am_an_id')
# check the text retrieved matches expected value
assertEqual('I am a div', div.text)
```

---

② https://github.com/appium/appium/blob/master/docs/en/writing-running-appium/mobile-web.md

```
# populate the comments field by id
driver.find_element_by_id('comments').send_keys('My comment')

# close the driver
driver.quit()
```

相较于手机或模拟器而言，PC 端的脚本调试要方便、容易得多。因此，对于那些与 PC 端差异不大的移动 Web 应用，我们可以借鉴 PC 端通过 Chrome Inspect 或者 Firebug 之类的工具来定位元素的方法，完成 PC 端的测试之后，再更新脚本中 Driver 对象的定义，将脚本在真机或模拟器上执行，以达到移动端测试的目的。当然，我们也可以通过 Chrome 和 Safari 浏览器自带的开发者工具联机查看 Android 和 iOS Web App 访问的页面。本节正是围绕 Web App 的联机调试而展开的。

6.4.1 使用 Chrome 开发者工具查看 Web App 元素

要查看 Web 页面在移动设备上的展示效果，最简便的方式莫过于 Chrome 浏览器的开发者工具了。单击 Chrome 工具栏的 View→Develop→Develop Tools，打开开发者工具，如图 6-21 所示。单击手机样式的图标，即可显示当前页面在手机上的效果。我们还可以自定义移动设备的尺寸、User Agent 等信息。

图 6-21　Chrome 的手机模拟器

6.4.2 Android Web App 的联机调试

Chrome 的便捷之处不仅体现在模拟器上，它还支持 Android Web App 的联机调试。具体步骤如下：

步骤 01 开启 Android 设备的 USB 调试模式。

如图 6-22 所示，启动 Genymotion 模拟器，进入"设置"→"关于手机"界面，多次单击"版本号"会切换至开发者模式。

如果 Android 设备已经处于开发者模式，那么在"设置"界面中将有"开发人员选项"。如图 6-23 所示，将 USB 调试功能开启。

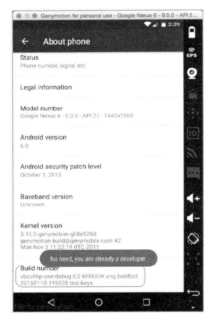

图 6-22　单击 Build Number 进入开发者模式

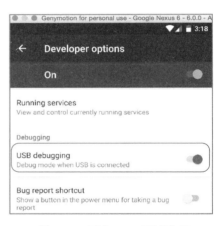

图 6-23　开启 USB 调试选项

步骤 02 在 Chrome 中查看已连接的 Android 设备。

打开 Chrome 浏览器，在页面上右击，选择 Inspect 打开开发者工具。如图 6-24 所示，在开发者工具的右上角菜单中选择 More tools→Inspect devices。

图 6-24　选择 Inspect devices 菜单

如图 6-25 所示，确保 Discover USB devices 处于勾选状态。之后，所有连接上的 Android 模拟器和真机将显示在这个界面中。

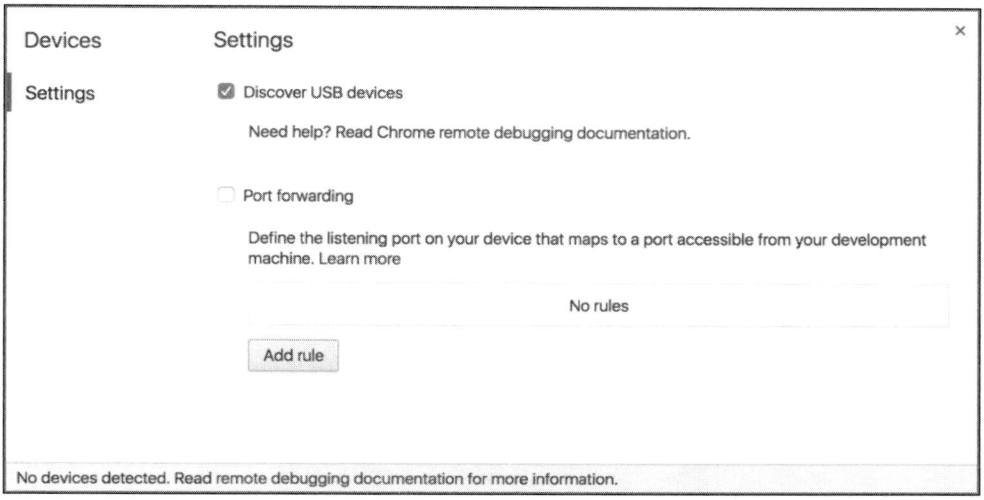

图 6-25　确保 Discover USB devices 选项被勾选

步骤 03　打开 Web App，在 Chrome 中查看 Web App 的细节。

如图 6-26 所示，当我们在 Android 设备上打开 Web App 或使用浏览器访问页面时，将会显示相应的 URL。

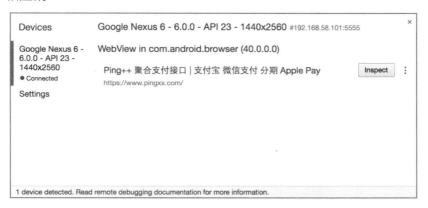

图 6-26　Web App 访问 URL 显示在 Chrome 中

单击 Inspect 按钮之后，与我们在本地查看 PC 端网页的效果类似，显示了 DOM 结构、样式等细节，如图 6-27 所示。

图 6-27　Chrome 中查看到移动页面的元素细节

6.4.3　iOS Web App 的联机调试

Safari 浏览器支持 iOS Web App 的联机调试。具体步骤如下：

步骤 01　确保 Safari 启用了开发者菜单，如图 6-28 所示。

图 6-28　Safari 启用开发者菜单

步骤 02 在 iOS 设备的 Setting→Advanced 中确保 Web Inspector 已启用，如图 6-29 所示。

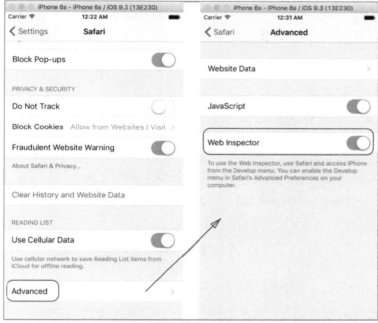

图 6-29　启用 Web Inspector

步骤 03 打开 Safari 的 Develop 菜单，若是真机连接，则会显示 iPhone 子菜单项；若是模拟器，则会在 Simulator 子菜单中显示 iOS Web App 访问的 URL，在 Safari 中会看到该页面的各个元素细节，与 Chrome 类似，如图 6-30 所示。

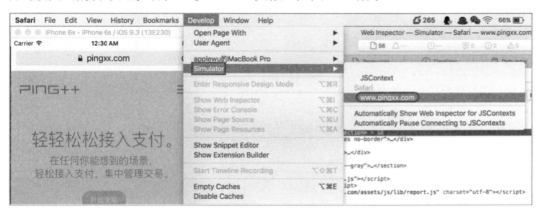

图 6-30　Safari 显示 Web App 访问的 URL

6.5 小　　结

本章介绍了 Appium 如何在 iOS 与 Android 上进行 App 测试。

- Appium 与 Selenium WebDriver 工作原理类似，移动 App 测试脚本的编写思路也与 Web 页面测试脚本的编写思路类似：元素定位→操作→检查（打印）结果。
- iOS 与 Android 平台不同，但测试脚本中创建 Driver 对象的方法相同，都是基于 WebDriver 的 Remote 方法。
- 掌握联机调试方法，熟练使用浏览器的开发者工具、UI Automator Viewer，以及使用 Appium Inspector 进行 App 元素定位，这是 App 测试人员的必修课。

6.6 练　　习

（1）选择你熟悉的语言，为某个原生 App 编写测试脚本，完成"单击""双击""键盘输入"等操作。

（2）使用 Chrome 或 Safari 进行某个 Web App 的联机调试。

第 7 章

BDD：行为驱动开发

引入自动化测试是为了帮助产品快速迭代。测试人员掌握一门自动化技术、写一些测试脚本并不难，难的是把自动化测试作为一项持续性的投资，不断地改进过程和策略，使自动化的价值最大化。

图 7-1 是由测试专家 Lisa Chrispin 和 Janet Gregory 提出，流传甚广的敏捷测试四象限。测试人员在了解敏捷开发方法的基础上，根据产品和团队情况选择合适的工具和技术，把技术与过程相结合，才能事半功倍。

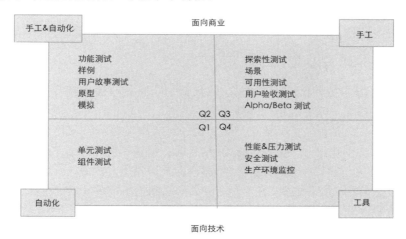

图 7-1　敏捷测试四象限

本章围绕敏捷开发方法 BDD 而展开，首先介绍它的由来、工具选型，然后将 BDD 工具与 Selenium 结合进行代码演练，希望为大家提供敏捷测试自动化的新思路。

7.1 认识 BDD

7.1.1 BDD 的由来

BDD 是 Behavior-Driven Development（行为驱动开发）的简称，早在 2003 年由 Dan North 提出。在提出 BDD 概念之前，Dan North 与其他敏捷开发的实践者一样，已经在各种项目中接触过 TDD（Test-Driven Development 测试驱动开发）了。然而，他发现 TDD 并不能有效避免项目开发过程中出现的误解，减少技术人员对于业务理解上的困惑。于是，他提出 BDD 这样一种新的方式。随着时间的推移，BDD 发展到自动化验收测试的范畴。

BDD 在维基百科的定义中被称为 TDD 的扩展，它是将结构化的自然语言解析为可执行的测试代码，以实现功能测试自动化。BDD 与 TDD 的比较将在 7.1.2 小节进行详细的说明。

BDD 通常会有以下过程：

（1）相关人员对产品功能、用户场景达成共识。
（2）用文字（自然语言）定义产品功能，描述用户场景。
（3）用代码（编程语言）将场景"翻译"为可执行的测试程序。

BDD 之所以能广为流传，是因为它更贴近敏捷开发的价值观。

1．个体与交流胜过流程与工具

虽然 BDD 实践离不开工具和框架，但它把团队交流放在了首要位置。技术与非技术人员在对业务知识、产品细节的理解上各有不同。更可怕的是，技术人员往往在初期就考虑细节问题，而业务人员又描述得太宽泛。结果很容易导致最终交付的版本不能满足用户的需求。戏说软件开发的图 7-2 虽然滑稽，但赢得了不少业内共鸣。

而 BDD 的妙处在于，大家"说同一种语言"来讨论用户的故事（User Story），如图 7-3 所示，由粗到细，由浅入深。在实际工作中，一般客户提供的是最粗略的产品需求，虽然在这个阶段，我们对产品没有具象的理解，但是可以基于用户的需求明确验收标准（Acceptance Criteria）。之后，再基于验收标准来设计产品的使用场景。而后，随着产品设计的深入，我们可以对使用场景描述得更加细致具体，从而形成 BDD 的最终文档。

第 7 章 BDD：行为驱动开发

图 7-2　戏说软件开发

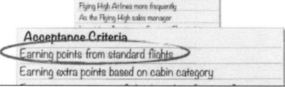

图 7-3　BDD 的 User Story 演变过程

2．可交付的软件胜过繁复的文档

BDD 注重文档与代码结合，不仅体现在业务交流、测试代码的实现上，还体现在最终的测试报告里。如图 7-4 所示，测试报告中会输出场景描述（Story）、详细步骤（Steps）、每个步骤的执行结果（Outcome）与用时（Duration）。因 BDD 工具的不同，报告的展现样式也不同，但 BDD 报告会清楚地反映出哪个场景的哪一个步骤出现了问题。当系统功能（场景描述）发生变化时，测试代码必须要做相应的调整，否则执行会报错。这就保证了"系统功能-场景描述文档-测试代码"三者同步更新，不需要传统意义上的"验收测试用例""测试报告"了。

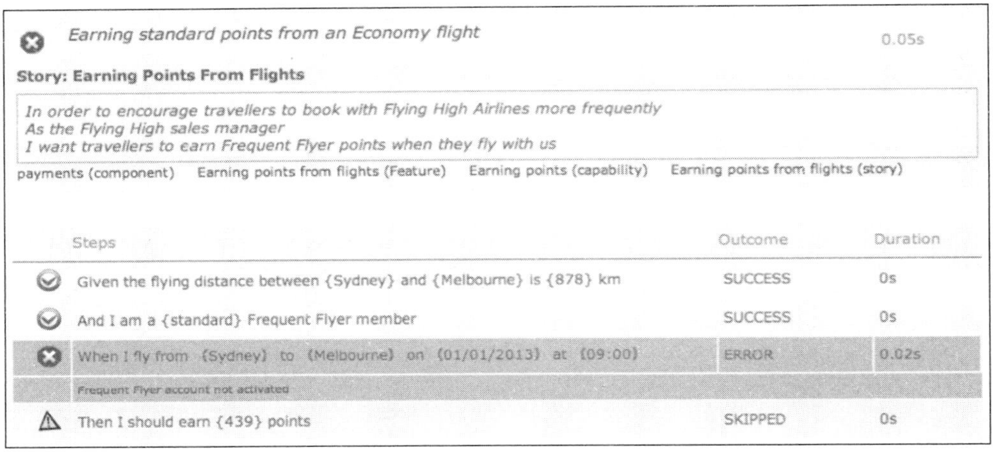

图 7-4 BDD 工具生成的测试报告

7.1.2 与 TDD 比较

TDD（Test-Driven Development，测试驱动开发）是最广为人知的敏捷开发方法，始于 20 世纪 90 年代。TDD 倡导先编写测试代码，在此阶段不考虑功能实现的中间过程，只考虑输入输出的需求；之后，再实现相应的功能代码，使得之前的测试用例可以运行通过。乍一想，有人会认为 TDD 使代码量增加了，开发效率降低了。但是，当我们身处在一个快速迭代的项目中，发现已经测试过的功能逻辑总面临着变更，或者我们需要对历史功能进行重构，在这些情况下，TDD 的好处就会体现得尤为明显。先写测试，可以帮助我们澄清需求，而不是代码写到一半才发现设计上有问题，此其一；其二，我们可以运行测试代码来得到快速反馈，以确认是否引入了新的问题，影响了之前已实现的功能。TDD 正是通过这两方面来提高代码交付质量的。

TDD 与 BDD 都属于敏捷开发领域的话题，有不少人会拿它们做比较。

先来谈谈它们的实施方式。TDD 往往是从单元测试代码开始的。如果要在项目中推广，通常是从开发人员发起的（虽然因为种种原因，测试人员写单元测试的例子也不少见）。而 BDD 是围绕系统/产品的使用场景展开的。系统使用场景的确定往往是多方参与，包括测试人员。BDD 制定的场景描述与测试用例类似，更像是集成测试或者验收测试。7.1.4 小节将对 BDD 实施过程进行详细说明。

再来说说它们的使用目的。TDD 的目的是在早期就可以快速得到代码问题的反馈；BDD 的目的是多方角色在早期就可以在业务场景上达成统一认识，减少"技术语言"和"业务语言"之间的认知偏差。

如图 7-5 所示，TDD 与 BDD 并不矛盾。简单来说，一个是在"类/方法"的层面，一个是在"功能/场景"层面，它们可以协作得很好。Github 上有不少采用了 TDD 和 BDD 的示例项目，比如秒表程序 https://github.com/nerds-odd-e/stopwatch，它的文档已经详细描述了程序的开发过程。建议大家在阅读了下文 BDD 工具的相关内容，对 BDD 工具有了一定的了解之后，再结合这类 Github 示例项目加深理解。

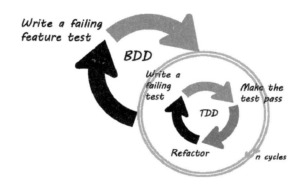

图 7-5　BDD 与 TDD 协作

7.1.3　选择合适的 BDD 工具

1. 两大阵营

随着敏捷开发技术的发展，涌现出大量的 BDD 工具，出现了 storyBDD 与 specBDD 两类阵营的框架。

storyBDD 一类的框架通常是基于 Gherkin 语法的。开发、测试、产品经理，或其他相关人员可以使用 Gherkin 语法在后缀名为.feature 的文件中描述场景，这个文件相当于一个测试用例集，与测试代码所使用的编程语言无关。下面是一个最简单的 Feature 文件示例，Given、When、Then 是三要素，分别作为"前置条件""操作步骤"和"预期结果"。.feature 文件默认是用英文编写的，在 7.2 小节 BDD 工具的使用中会演示中文.feature 文件的写法。

```
Feature: Withdraw Money from ATM

    A user with an account at a bank would like to withdraw money from an ATM.

    Provided he has a valid account and debit or credit card, he should be allowed to make the transaction. The ATM will tend the requested amount of money, return his card, and subtract amount of the withdrawal from the user's account.

    Scenario: Scenario 1
        Given preconditions
        When actions
        Then results

    Scenario: Scenario 2
        ...
```

specBDD 一类的框架，描述业务场景的表达方式与测试代码所用语言有关，就不是使用 .feature 文件了。

比如，使用 Ruby 的 rspec：

```
# game_spec.rb

RSpec.describe Game do
  describe "#score" do
    it "returns 0 for an all gutter game" do
      game = Game.new
      20.times { game.roll(0) }
      expect(game.score).to eq(0)
    end
  end
end
```

使用 C 的 cspec：

```
#include <math.h>
#include "cspec.h"
```

```
DESCRIBE(fabs, "double fabs( double arg )")
    IT( "returns the same number if the input number is positive" )
        SHOULD_EQUAL( fabs(1.0), 1.0)
        SHOULD_EQUAL( fabs(0.0), 0.0)
        SHOULD_EQUAL( fabs(6.7), 6.7)
    END_IT
    IT( "returns the opposite number if the number is negative"  )
        SHOULD_EQUAL( fabs(-1.0), 1.0)
        SHOULD_EQUAL( fabs(-6.7), 6.7)
    END_IT
END_DESCRIBE
```

从一些技术论坛和社区活跃度来看，目前 storyBDD 属于主流，本章的讨论和实践环节也是基于 storyBDD 这类框架进行的。后文将继续针对 storyBDD 框架和.feature 文件的应用做进一步说明。

2. 技术选型

本节将讨论我们在对 BDD 框架做调研、进行技术选型的过程中需要关注的种种问题。

表 7-1 摘录了部分常见的 BDD 框架。这张表只是提供语言方向上的参考，本书也不会详细说明各个工具之间的差异，因为各个工具是在不断发展和变化的。例如，Cucumber（http://cukes.info）创建于 2008 年，最初只支持 Ruby，在 2012 年 4 月发布的版本中，借由 Cucumber-JVM 支持了多种在 JVM 上运行的语言，如图 7-6 所示，它已经成为最知名的 BDD 工具之一。而 Freshen（https://github.com/rlisagor/freshen）于 2015 年 5 月宣布不再维护了。

表 7-1　BDD 框架

编程语言	框架名称
C	Cspec https://github.com/arnaudbrejeon/cspec
C++	CppSpec https://github.com/tpuronen/cppspec
C#	SpecFlow http://www.specflow.org/
	NBehave https://nbehave.codeplex.com/
	NSpecify http://nspecify.sourceforge.net/
Java	JBehave http://jbehave.org/
	Cucumber-JVM https://cucumber.io/

（续表）

编程语言	框架名称
Groovy	Easyb http://easyb.org/
	Cuke4Duke https://github.com/cucumber/cuke4duke
PHP	Behat http://behat.org/
	PHPSpec http://www.phpspec.net/en/stable/manual/introduction.html
	Specipy https://github.com/Codeception/Specify
Objective-C	Specta https://github.com/specta/specta
	Kiwi https://github.com/kiwi-bdd/Kiwi
	Cedar https://github.com/pivotal/cedar
Python	Lettuce http://lettuce.it/
	Behave http://pythonhosted.org/behave/
	Freshen https://github.com/rlisagor/freshen
Ruby	Cucumber https://cucumber.io/
	Shoulda https://github.com/thoughtbot/shoulda
	RSpec http://rspec.info/

图 7-6　Cucumber 家族

我们选择 BDD 框架时，可以从以下几个方面进行考量。

- 学习资源

  大部分 BDD 框架都是开源的，可以基于官方网站文档，结合源码来进行系统性的学习。如果框架的每个特性都有具体描述，提供了示例代码，并且能通过搜索引擎找到很多博客或者论坛文章，那么可以认为它具备了丰富的文档资源和良好的社区氛围。这样的 BDD 框架学习成本相对会低一些。

- 支持的语言

  使用 BDD 框架要考虑两类语言，一类是用于描述场景的自然语言（英语、中文等），另一类是测试脚本的编程语言（Java、Python、Ruby 等）。不同的框架对这两类语言的支持范围都不同。如果需要支持额外的自然语言，可以自己添加模板，比如 Lettuce 框架目前支持 18 种语言，官方网站详细介绍了它如何在 lettuce/languages.py 文件中添加其他语言的模板。但如果一门框架对你习惯的编程语言支持不够友好，比如 Cucumber 对 Python 的支持，目前是基于 Cucumber-JVM 来执行 Jython 代码的。对于 Python 程序员而言，Cucumber 的使用体验就明显不如 Behave 和 Lettuce。

- 数据参数化

  待测系统中往往存在很多变量，所以"组合测试""正交表""数据驱动"是软件测试经常讨论的话题。作为一门 BDD 框架，是否支持表格、多行输入等多种参数形式来传递变量值也是重要考察点之一。

- 数据源

  测试数据对于测试程序而言，其重要性不言而喻。不少团队会把测试数据文件保存到 Git 或 SVN 中，进行版本控制的同时，也方便共享。因此，如果框架不仅支持本地数据，还能接受 URL 外部文件作为数据源，那将带来极大的便利。

- 设置测试执行的范围

  测试用例往往会通过"测试类别""优先级""模块名"等进行管理。比如说，登录功能有正常或异常等多个测试用例，一个测试用例上又有多个标签进行标识。有的项目就把正常登录的用例划为 BVT（Build Verification Test）、P0，而把异常登录打上 P1 的标签。如果我们只是想要运行所有 BVT 用例，就需要测试框架来配合我们设定测试执行的范围。

- 场景之间的调用

  新框架的学习是从最简单的场景开始的。但真实的系统一定更为复杂，场景之间会相互依赖。比如测试"权限管理"模块，涉及登录、角色管理、角色的权限配置等功能，这些功能/场景彼此关联。因此，场景/步骤间的相互调用也是 BDD 框架的核心功能。

- 前期准备&后期处理

  单元测试框架往往都具备这一功能，也就是常见的 setup 和 teardown 方法。但是 BDD 框架的处理通常会更加灵活，在 Cucumber 框架中被称为 Backgrounds 和 Hooks。Cucumber 目前就有 Scenario Hooks、Tagged Hooks、Global Hooks 可以针对同一标签的多个场景设定场景完成之后的动作。

- 报告

  有的 BDD 框架是基于 xUnit 这种单元测试框架生成报告的，有些框架则提供多种格式的报告。比如 Cucumber 就可以设置报告格式，可生成 html 或 json 格式。Json 格式的报告方便导入 MongoDB，用于后期的失败用例趋势分析。

- IDE 的支持

  IDE 的支持一般体现在关键字自动补全、自动生成代码以及调试/运行脚本这几个方面。如图 7-7 和图 7-8 所示，编写 feature 文件时，使用了 Pycharm 的自动补全等功能会更有效率。Pycharm 的官方文档中也对 BDD 框架 Lettuce 和 Behave 相关配置做了详细的说明。

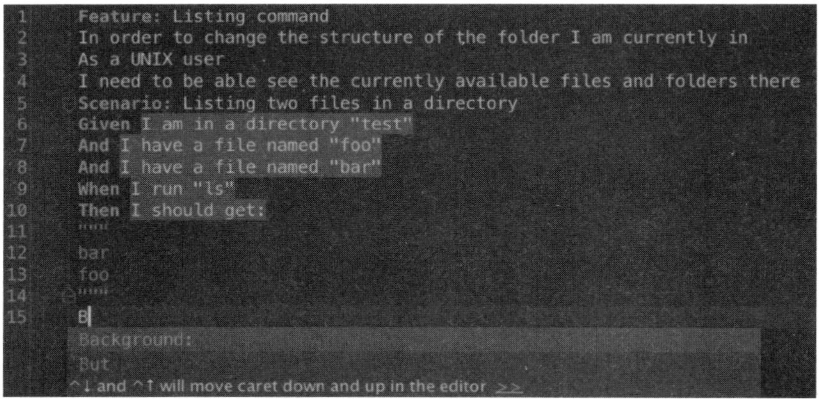

图 7-7　IDE 对 Feature 编辑的自动补全功能

图 7-8　IDE 根据 Feature 生成 Python 方法

7.1.4　BDD 实施

无论 BDD 有多少好处，想要在组织中引入新的开发方式，必定是困难重重。图 7-9 表现了 BDD 实施过程中的各项活动。作为一名测试人员，推动 BDD 实施的关键有两方面，一方面是参与业务需求，即 feature 文件的讨论；另一方面是调整测试策略，尤其是自动化测试的实现。

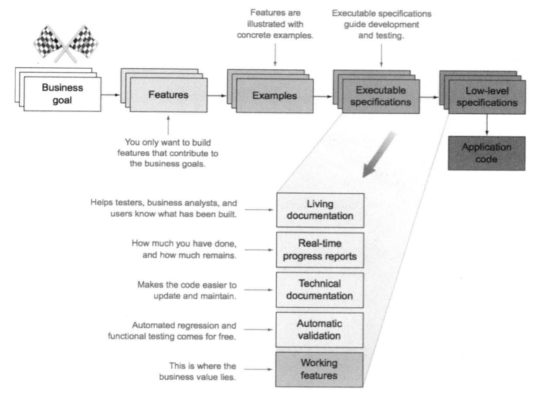

图 7-9　BDD 的各项活动

1. 关于 feature 文件

BDD 实践基于 feature 文件展开。在 BDD 实施之前，要考虑清楚 feature 文件的若干问题。

（1）谁来写

有人认为，"谁来写 feature 文件并不重要，可以由团队中的任何成员来写。关键是各个团队在对产品的理解上能达成共识"。这个观点很难说是错的，因为 BDD 思想就是强调各个团队都要对业务目标形成共识，既然形成共识了，那么由谁来写不都是一样吗？

但其实，"谁来写"这个问题与"谁有权限写""谁愿意写"是不一样的。一方面，团队之间是平等交流的，自然人人有权限对 feature 文件中的业务场景提出自己的看法和意见。但另一方面，feature 文件的维护与文档的维护一样，是一个不断迭代的过程。而在敏捷团队中，有些团队的交付物不再是文档了，很难说服他们去写 feature 文件，他们认为这样增加了工作量。另外，feature 文件并不是简单地罗列步骤，想要在组织中"落地"，要尽可能利用 BDD 框架的功能，以便配合后期自动化测试的实现。综合来看，这项工作由产品经理或负责验收测试的人员编写会比较合适。

（2）何时写

一般来说，在开始讨论产品功能或设计师提供产品原型的时候就可以着手编写 feature 文件了。随着讨论的深入，feature 文件的内容会逐渐丰富。如前文中图 7-3 所示，一开始可能只规划产品的使用场景，后期再在 feature 文件中补充具体步骤。feature 文件的更新是随着产品不断迭代的过程。

（3）存于何处

feature 文件的保存应该有两个原则，一是人人都可以访问；二是做好版本控制。因此可以与其他代码一样，用 Gitlab 来管理。

（4）如何编写

类似于测试用例的编写粒度有粗细之分，feature 文件在内容表达上也可以有两种方式：

命令式：这种方式会详细地说明每一步操作，涵盖了很多细节信息，适合改动可能性小或者操作步骤复杂的场景。例如：

```
When I fill my first name into the field "first name"
When I fill my last name into the field "last name"
When I fill ...
```

声明式：这种场景描述中不会有太多步骤，更具有可读性，可以很容易地了解测试范围。例如：

```
When I fill the form
```

此外，在准备 feature 中的测试数据时，可参考以下建议：

业务数据要有真实性。我们对系统进行操作的时候，在浏览习惯、访问路径、输入值上或多或少都会有思维惯性。更何况我们很难预测用户会使用什么样的数据，很可能对重要的用户场景出现漏测的情况。为了提高测试数据的质量，我们可以在线上生产环境尽可能搜集用户的业务数据,并分析用户数据的特征,总结其数值分布和变化规律,将其用于新的测试数据的设计中。比如需要测试某一论坛的发帖功能,通过分析运营日志,发现有不少用户是动漫爱好者,喜欢在帖子主题中包含"颜文字"以及"【""】"等特殊符号。于是,我们可以把它们补充到测试数据中,还可以整理一些新番的讨论话题,而不是简单地把 1234、abc1234 这种字符串作为帖子的主题。

业务数据要有多样性。首先,我们可以利用等价类和边界值等测试用例设计的常用方法形成基础用例,补充测试数据;其次,可以分析测试场景需要考虑哪些方面,将这些方面作为"因子",形成正交分析表。

业务数据要有趣。"有趣"是工作的推动力,尤其是对测试而言,激发兴趣可以让人更快地代入角色,有更多的测试想法。比如要测试一款即时通信 App 的对话功能,可以设计一段滑稽的内容,甚至从网上找几个段子、表情包作为对话内容。

2. 测试策略

网上有不少 BDD 实践的文章都提到自动化测试,这容易让人先入为主,误认为 Feature 文件中定义的场景都应该由自动化测试代码来验证,做到面面俱到。诚然,自动化测试应该在资源允许的范围内尽可能地拓展测试范围,从整体上提升测试效率,改善测试效果;但无论是 BDD 思想,还是 BDD 工具,它们都不能对自动化测试的覆盖率产生影响。无论是对 TDD、BDD,还是对 DDD(Domain-Driven Design,领域驱动设计)的尝试,都应该基于"自动化测试必须服务于整体的产品策略"这一原则,否则,一旦测试出现问题,BDD 工具反而会让问题更加严重。

以下是有关测试策略的思路,供大家参考。

(1)聚焦风险,确定各个 feature 的质量目标

BDD 思想是从最终用户使用的角度出发的,我们可以通过这个角度,结合对现有 feature 文件的理解,将 feature 的质量目标划分为 N 个等级,并用标签进行标识。比如,有的产品功能是对所有用户开放的,必须完全满足用户需求;而有的功能则在摸索阶段,仅进行了灰度发布,用户对这些功能出现故障有一定的心理预期。那么,这两类 feature 的质量目标肯定是不一样的,可以把前者定为 I 级,后者定为 II 级。这样,不仅在测试阶段,在出现 bug 之后的问题调研阶段,也可以基于质量目标,对不同级别的 feature 投入不同程度的时间和精力。

(2)与其他团队协作,针对不同的变更制定测试策略

一般有 3 种情况会引发版本变更:Feature(新功能)、Improvement(功能改进)、Bug(代码缺陷)。测试人员需要结合产品和团队的情况,针对这 3 种变更,确定测试的深度与广度,做出不同的应对策略。比如说,对于只有 Bug Fix 的变更,测试人员一般是等开发人员修复之后再介入的。除了复测 Bug 之外,不需要执行所有的测试用例,

只要执行冒烟测试或者版本验收测试用例即可。而对于新功能而言，测试需要尽早介入，可以在开发人员编码的同时设计测试用例。对于特别重大的变更，可以多几次测试用例评审的环节，先进行测试团队内部评审，后期再与产品设计或开发团队一起评审。

（3）进行测试分层，开展各项测试活动

如图 7-10 所示，这是 Mike Cohn 在《Succeeding with Agile》一书中提到的"敏捷测试金字塔"，已经得到业界的广泛认同。本书虽然是以 Selenium 知识为主介绍如何进行 UI 层的自动化测试，并不代表自动化测试就是从 UI 层面开始的。底层的接口测试、单元测试做得越到位，越容易定位问题，尽早发现问题。

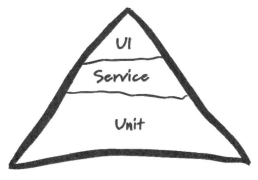

图 7-10 敏捷测试金字塔

7.2 BDD 工具的使用

随着敏捷测试技术的发展，BDD 工具层出不穷，本书将选择 3 种常见的工具进行简单实战演示。一般来说，使用 BDD 工具的 UI 自动化测试项目可分为 3 层。如图 7-11 所示，第一层是场景描述层，即 feature 文件；第二层是步骤定义层，即把 feature 文件中的步骤"对应于"编程语言中的类或方法；第三层是自动化测试层，即通过 Selenium 或其他自动化测试框架来操作待测程序，完成测试步骤。

本节选用目前测试行业使用最为普遍的两门语言：Java 和 Python，对 Cucumber-JVM、Lettuce 以及 Behave 进行介绍。基于不同的 Web 应用场景来对这 3 种工具进行演示，其目的不是要对三者进行比较，而是希望读者能对 BDD 这一类框架的特性有一个整体认识，对图 7-11 有更深的体会。如上文所说，图 7-11 中的项目结构体现了 BDD 框架在应用过程中的共性。

与此同时，也希望读者通过本节的练习能巩固之前介绍的 Selenium 知识。

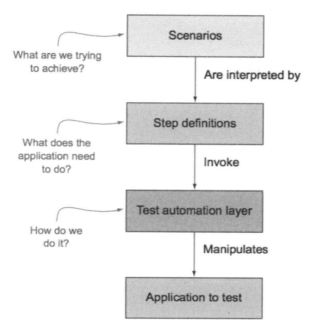

图 7-11　UI 自动化测试项目结构

7.2.1　使用 Cucumber-JVM

本节的实践内容将结合 Cucumber-JVM、Maven、Selenium WebDriver 以及 JUnit 完成网易 163 邮箱正常登录场景的测试。

1. 准备工作

（1）安装 Eclipse。
（2）安装 Maven。
（3）安装 Eclipse 中的 Maven 插件。

2. 示例说明

用 Maven 来管理项目所依赖的 3 个框架：Selenium、JUnit、Cucumber 的 Jar 包，免去了下载 Jar 包、再导入的烦琐环节。这是最简单的测试场景，用 Selenium 基本方法就可实现。可使用 Cucumer-Eclipse 插件让编码过程更高效。

3. 步骤

步骤 01　如图 7-12 所示，在 Eclipse 中创建 Maven 项目，命名为 seleniumEx.ch07.test。

图 7-12 创建 Maven 项目

步骤02 在 pom.xml 中添加项目依赖的 Jar 包。在 pom.xml 中应该填写适合自己的 version 值。近几年 cucumber 和 selenium 变化不小，比如我们在使用 1.0.14 版本的 cucumber 时，代码导入的包名是 cucumber.annotation；而到了编写本书时的 1.2.4 版本时，导入的包名就是 cucumber.api 了。各个 Jar 包的最新版本和历史版本信息可在 http://mvnrepository.com/ 查找。

```
<project xmlns="http://maven.apache.org/POM/4.0.0"
xmlns:xsi="http://www.w3.org/2001/XMLSchema-instance"
xsi:schemaLocation="http://maven.apache.org/POM/4.0.0 http://maven.apache.org/xsd/maven-4.0.0.xsd">
    <modelVersion>4.0.0</modelVersion>
    <groupId>seleniumEx.ch07.test</groupId>
    <artifactId>seleniumEx.ch07.test</artifactId>
    <version>0.0.1-SNAPSHOT</version>
    <dependencies>
        <dependency>
            <groupId>info.cukes</groupId>
            <artifactId>cucumber-java</artifactId>
            <version>1.2.4</version>
            <scope>test</scope>
        </dependency>
```

```xml
        <dependency>
            <groupId>info.cukes</groupId>
            <artifactId>cucumber-junit</artifactId>
            <version>1.2.4</version>
            <scope>test</scope>
        </dependency>
        <dependency>
            <groupId>junit</groupId>
            <artifactId>junit</artifactId>
            <version>4.12</version>
            <scope>test</scope>
        </dependency>
        <dependency>
            <groupId>org.seleniumhq.selenium</groupId>
            <artifactId>selenium-java</artifactId>
            <version>2.53.0</version>
        </dependency>
    </dependencies>
</project>
```

步骤 03 如图 7-13 所示，在 Package Explorer 中展开 seleniumEx.ch07.test 项目，右击并选择 src/test/resources，新建 Package，命名为 Login.test。

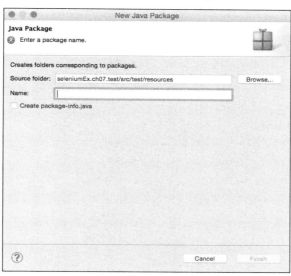

图 7-13　新建 Package

步骤04 如图 7-14 所示，在该 Package 下新建文件，名为 Login.feature。

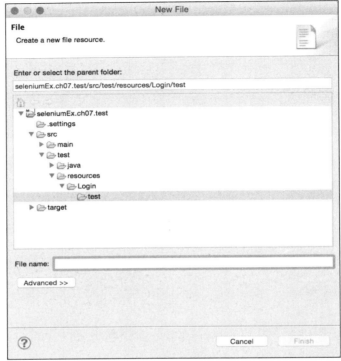

图 7-14　新建 feature 文件

步骤05 在 Login.feature 中添加 Gherkin 语法的代码。测试数据以 hard-code 的方式写入 feature 文件，在 your_account、your_password 处填写你真实的 163 邮箱名和密码。

```
Feature:Login
Scenario: Login via correct user name and password
Given the browser accesses the login page
When the user enters the correct user_name your_account
And the user enters the correct password your_password
And the user clicks the login button
Then the result your_account@163.com will be displayed
```

步骤06 右击并选择 src/test/java，新建 Package，命名为 Login.test。

步骤07 在新建的 Package 下新建 class 文件，命名为 LoginStepDefs.java。可以看出，Login.feature 中的步骤与 LoginStepDefs 类方法之间是通过方法注释（annotation）关联的。其中，(.*)$是正则表达式，用于接收来自 feature 文件中的参数值。

```java
package Login.test;

import org.openqa.selenium.WebDriver;
import org.openqa.selenium.firefox.*;
import org.openqa.selenium.WebElement;
import org.openqa.selenium.By;
import org.openqa.selenium.support.ui.ExpectedCondition;
import org.openqa.selenium.support.ui.WebDriverWait;
import cucumber.api.java.en.*;
import cucumber.api.java.*;
import static org.junit.Assert.assertEquals;

public class LoginStepDefs {

    protected WebDriver driver;

    @Before
    public void setUp() {
        driver = new FirefoxDriver();
    }

    @Given("the browser accesses the login page")
    public void the_browser_access_the_login_page() {
        driver.get("http://mail.163.com/");
    }

    @When("the user enters the correct user_name (.*)$")
    public void the_user_enters_the_correct_user_name(String username) {
        driver.findElement(By.id("idInput")).sendKeys(username);
    }

    @And("the user enters the correct password (.*)$")
    public void the_user_enters_the_correct_password(String pwd) {
        driver.findElement(By.id("pwdInput")).sendKeys(pwd);
    }

    @And("the user clicks the login button")
    public void the_user_click_the_login_button() {
```

```
        driver.findElement(By.id("loginBtn")).click();
    }

    @Then("the result (.*) will be displayed")
    public void the_user_login_successfully(String addr) {
        (new WebDriverWait(driver, 5)).until(new ExpectedCondition<Boolean>() {
            public Boolean apply(WebDriver d) {
                return d.getTitle().toLowerCase()
                        .startsWith("网易邮箱");
            }
        });
        WebElement addr_element = driver.findElement(By.id("spnUid"));
        assertEquals(addr_element.getText(), addr);
    }

    @After
    public void tearDown() {
        driver.close();
    }
}
```

步骤08 再新建 class，名为 suiterunnertest。在 CucumberOptions 中设置了两种报告格式，因此在测试完成之后会在 target 文件夹中生成 html 和 json 两份报告。

```
package Login.test;

import cucumber.api.CucumberOptions;
import cucumber.api.junit.Cucumber;
import org.junit.runner.RunWith;

@RunWith(Cucumber.class)
@CucumberOptions(plugin=
{"pretty", "html:target/cucumber-html-report","json:target/cucumber-report.json"})
public class suiterunnertest {

}
```

步骤09 最终的项目文件结构如图 7-15 所示。右击项目并选择 Run As→JUnit Test，运行测试。

seleniumEx.ch07.test
src
main
java
resources
test
java
Login
test
LoginStepDefs.java
suiterunnertest.java
resources
Login
test
Login.feature
target
pom.xml

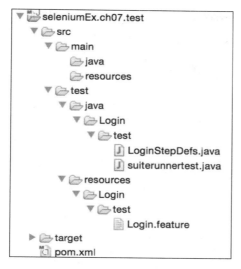

图 7-15　cucumber-jvm 示例项目结构

步骤 10 在 Package Explorer 中展开 target 文件夹，查看报告，如图 7-16～图 7-18 所示。

Runs: 5/5
Errors: 0
Failures: 0
Login.test.suiterunnertest [Runner: JUnit 4] (3.790 s)
Feature: Login (3.790 s)
Scenario: Login via correct user_name and password (3.790 s)
Given the browser access the login page (0.448 s)
When the user enters the correct user_name (0.082 s)
And the user enters the correct password (0.086 s)
And the user click the login button (3.149 s)
Then the result (0.025 s)

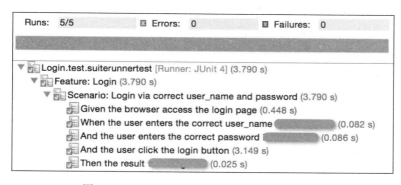

图 7-16　cucumber-jvm 示例的 JUnit 运行结果

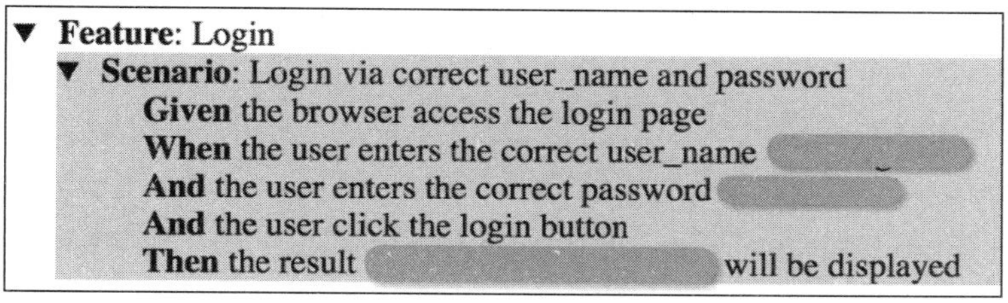

Feature: Login
Scenario: Login via correct user_name and password
Given the browser access the login page
When the user enters the correct user_name
And the user enters the correct password
And the user click the login button
Then the result will be displayed

图 7-17　cucumber-jvm 示例的 html 格式报告

cucumber-report.json

```json
[
  {
    "line": 1,
    "elements": [
      {
        "before": [
          {
            "result": {
              "duration": 3344369494,
              "status": "passed"
            },
            "match": {
              "location": "LoginStepDefs.setUp()"
            }
          }
        ],
        "line": 2,
        "name": "Login via correct user_name and password",
        "description": "",
        "id": "login;login-via-correct-user-name-and-password",
        "after": [
          {
            "result": {
              "duration": 260954100,
              "status": "passed"
            },
            "match": {
              "location": "LoginStepDefs.tearDown()"
            }
          }
        ],
        "type": "scenario",
        "keyword": "Scenario",
        "steps": [
          {
            "result": {
              "duration": 10115068187,
              "status": "passed"
            },
            "line": 3,
            "name": "the browser access the login page",
            "match": {
              "location": "LoginStepDefs.the_browser_access_the_login_page()"
            },
            "keyword": "Given "
          },
          {
            "result": {
              "duration": 1590657284,
```

图 7-18 cucumber-jvm 示例的 json 格式报告

7.2.2 使用 Lettuce

在 7.2.1 节中，我们使用最简单的测试场景了解了 Cucumber-JVM，对 BDD 框架的工作方式有了初步的认识。但是仍有不少的框架特性没有利用到。Python 的 BDD 框架——Lettuce（官方网站地址：http://lettuce.it/，源码地址：https://github.com/gabrielfalcao/lettuce）的创建者宣称，其灵感 100%来自于 Cucumber，因此可以把 Lettuce 理解为 Python 版本的 Cucumber。

编写本书时，Lettuce 的最新版本是 0.2.22，于 2016 年 5 月 9 号发布。

准备工作

- Python 运行环境
- Selenium WebDriver
- 安装 Lettuce：pip install lettuce

测试场景：根据邮件标题删除某一封指定邮件。

示例说明

本示例演示了 Selenium 对 iframe 编辑器的处理，以及利用 JavaScript 语句操作邮件列表。

整个过程会涉及"登录""发送邮件"以及"根据邮件标题删除某一封指定邮件"这 3 个功能。我们可以创建 3 个 .feature 文件来分别描述它们。由于这 3 个功能之间存在关联关系，可以利用 Lettuce 提供的 step.behave_as 方法，直接通过复制 .feature 文件中的场景描述实现 step 之间的调用。Lettuce 还提供了 world 关键字，用于存储场景之间的共享数据。以下是 Lettuce 的中英文关键字对照，我们将在 feature 文件中使用中文描述。

```
'zh-CN': {
        'examples': u'例如|场景集',
        'feature': u'特性',
        'name': u'Simplified Chinese',
        'native': u'简体中文',
        'scenario': u'场景',
        'scenario_outline': u'场景模板',
        'scenario_separator': u'(场景模板|场景)',
        'background': u'(?:背景)',
}
```

步骤

步骤 01 新建文件夹，命名为 ch07_lettuce_selenium，作为项目的根目录。然后，按照以下项目文件结构继续创建文件和文件夹。

步骤02 编辑 Login.feature。登录场景与 7.2.1 小节中的 feature 文件一致,只是这里使用了中文描述。

```
# language: zh-CN

特性: 登录 163 邮箱
    从 163 邮箱首页登录

    场景: 用户使用正确的用户名密码登录
        首先 用户访问 163 邮箱首页
        当 用户输入用户名 your_account
        并且 用户输入密码 your_password
        并且 用户点击登录按钮
        那么 用户 your_account@163.com 会登录成功
```

步骤03 编辑 Login.py。用 Python 将 feature 中的场景转化为测试代码。

```python
# -*- coding: utf-8 -*-
from lettuce import *
from selenium import webdriver
from selenium.webdriver.support import expected_conditions
from selenium.webdriver.support.ui import WebDriverWait
from selenium.webdriver.common.by import By


@before.each_scenario
def set_up(scenario):
    world.driver = webdriver.Firefox()


@after.each_scenario
def tear_down(scenario):
    world.driver.quit()


@step(u'用户访问 163 邮箱首页')
def access_index_page(step):
    world.driver.get("http://mail.163.com")
```

```python
@step(u'用户输入用户名(.*)')
def enter_user_name(step, user_name):
    world.driver.find_element_by_id('idInput').send_keys('wuziteng2006')


@step(u'用户输入密码(.*)')
def enter_password(step, pwd):
    world.driver.find_element_by_id('pwdInput').send_keys('Password01!')


@step(u'用户点击登录按钮')
def click_login_btn(step):
    world.driver.find_element_by_id('loginBtn').click()


@step(u'用户(.*)会登录成功')
def assert_login(step, acct):
    wait = WebDriverWait(world.driver, 5)
    element = wait.until(expected_conditions.element_to_be_clickable((By.ID, 'spnUid')))
    assert str(element.text) == acct
```

步骤 04 编辑 Send_mail.feature，描述发送邮件的场景。

```
# language: zh-CN

特性: 用 163 邮箱发送邮件

  场景: 发送一封主题为 Lettuce Selenium 测试的邮件给自己
    首先 用户使用正确的用户名 your_account@163.com 密码 your_password 登录
    当 用户点击写信按钮
    并且 输入当前用户的邮箱地址，作为收件人地址
    并且 输入邮件主题为 Lettuce Selenium 测试
    并且 输入邮件正文 这是脚本发送的邮件，可以删除
    并且 点击发送按钮
    那么 页面提示发送成功
```

步骤 05 编辑 Send_mail.py。发送邮件是基于登录场景的，这里需要进行步骤间的调用。

```python
# -*- coding: utf-8 -*-
from lettuce import *
from selenium.webdriver.common.action_chains import ActionChains
import time

import sys

reload(sys)
sys.setdefaultencoding('utf-8')


@step(u'用户使用正确的用户名(.*)密码(.*)登录')
def logged_in(step, user_name, pwd):
    step.behave_as("""
        首先  用户访问 163 邮箱首页
        当  用户输入用户名{0}
        并且  用户输入密码{1}
        并且  用户点击登录按钮
        那么  用户 {0}会登录成功
    """.format(user_name, pwd))


@step(u'用户点击写信按钮')
def click_mail_btn(step):
    world.driver.find_element_by_id('_mail_component_61_61').click()


@step(u'输入当前用户的邮箱地址,作为收件人地址')
def enter_mail_address(step):
    world.driver.find_element_by_class_name('nui-editableAddr-ipt').send_keys('wuziteng2006@163.com')


@step(u'输入邮件主题为(.*)')
def enter_mail_title(step, mail_title):
    world.driver.find_elements_by_class_name('nui-ipt-input')[2].send_keys(mail_title)
    time.sleep(5)
```

```python
@step(u'输入邮件正文(.*)')
def enter_mail_body(step, mail_body):
    world.driver.switch_to.frame(world.driver.find_elements_by_tag_name("iframe")[9])
    body_element = world.driver.find_element_by_xpath('/html/body')
    ActionChains(world.driver).move_to_element(body_element).perform()
    body_element.send_keys(mail_body)
    world.driver.switch_to.parent_frame()


@step(u'点击发送按钮')
def click_sent_btn(step):
    world.driver.find_elements_by_class_name('nui-btn-text')[2].click()


@step(u'页面提示发送成功')
def assert_sent(step):
    world.driver.save_screenshot('sent_mail.png')
```

步骤 06 编辑 Del_mail.feature，描述删除邮件的场景。

```
# language: zh-CN
特性: 删除邮件

    场景: 根据邮件标题删除某一封指定邮件
        首先 发送一封主题为 Mail_Should_Be_Removed 的邮件给自己
        当 用户进入收件箱
        并且 勾选邮件标题为 Mail_Should_Be_Removed 前方的多选框
        并且 点击删除按钮
        那么 页面提示删除成功
```

步骤 07 编辑 Del_mail.py。

```python
# -*- coding: utf-8 -*-
__author__ = 'applewu'

from lettuce import step
from lettuce import world
import time
```

```python
@step(u'发送一封主题为(.*)的邮件给自己')
def send_mail(step, mail_title):
    step.behave_as("""
        首先 用户使用正确的用户名 wuziteng2006@163.com 密码 Password01!登录
        当 用户点击写信按钮
        并且 输入当前用户的邮箱地址，作为收件人地址
        并且 输入邮件主题为{0}
        并且 输入邮件正文 这是脚本发送的邮件，可以删除
        并且 点击发送按钮
        那么 页面提示发送成功
    """.format(mail_title))


@step(u'用户进入收件箱')
def access_inbox(step):
    world.driver.find_element_by_id('_mail_tabitem_3_43').click()


@step(u'勾选邮件标题为(.*)前方的多选框')
def select_mail(step, mail_title):
    js = '''$("span:contains('{0}')").dom.parentNode.previousElementSibling.childNodes[1].click();'''.format(mail_title)
    time.sleep(3)
    world.driver.execute_script(js)


@step(u'点击删除按钮')
def del_mail(step):
    world.driver.find_elements_by_class_name('nui-btn-text')[12].click()


@step(u'页面提示删除成功')
def assert_del(step):
    world.driver.save_screenshot('deleted_mail.png')
```

步骤 08 运行测试。在项目根目录下输入 lettuce 即可运行，也可以指定运行某一个 feature 文件，如图 7-19 所示。

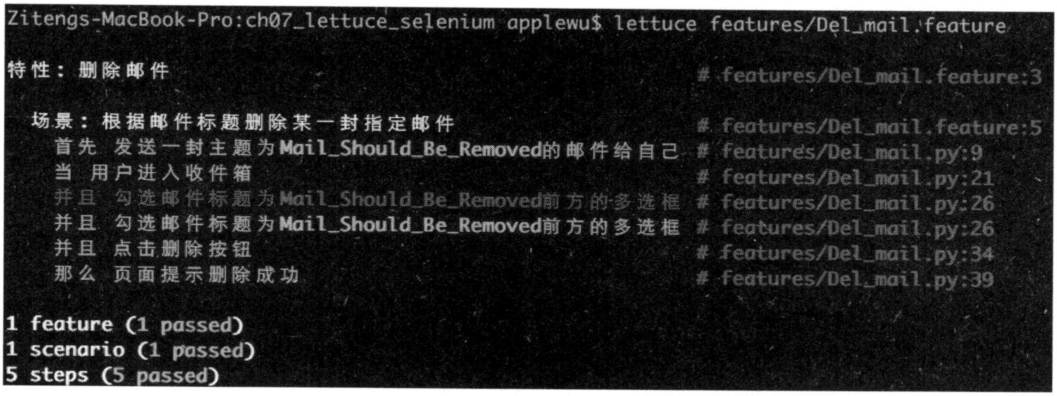

```
Zitengs-MacBook-Pro:ch07_lettuce_selenium applewu$ lettuce features/Del_mail.feature
特性：删除邮件                                              # features/Del_mail.feature:3

  场景：根据邮件标题删除某一封指定邮件                      # features/Del_mail.feature:5
    首先  发送一封主题为 Mail_Should_Be_Removed 的邮件给自己  # features/Del_mail.py:9
    当    用户进入收件箱                                    # features/Del_mail.py:21
    并且  勾选邮件标题为 Mail_Should_Be_Removed 前方的多选框 # features/Del_mail.py:26
    并且  勾选邮件标题为 Mail_Should_Be_Removed 前方的多选框 # features/Del_mail.py:26
    并且  点击删除按钮                                      # features/Del_mail.py:34
    那么  页面提示删除成功                                  # features/Del_mail.py:39

1 feature (1 passed)
1 scenario (1 passed)
5 steps (5 passed)
```

图 7-19 lettuce 示例的运行结果

7.2.3 使用 Behave

Behave 与 Lettuce 类似，也是 Python 的 BDD 工具。由于 Lettuce 目前在 tag 支持等方面处于劣势，因此有不少人开始青睐 Behave。目前，Behave 的最新版本是 1.2.5。

准备工作

- Python 运行环境
- Selenium WebDriver
- 安装 Behave：pip install behave

测试场景：12306 余票查询。

示例说明

12306 余票查询页面提供了多种组合查询的方式，这里将演示通过"文字"和"首字母"两种方式输入出发地和目的地进行查询。页面右侧的"车次"下拉框显示的车次信息是基于查询结果列表的。为此，这里可以使用 context.execute_steps 实现步骤间调用。示例代码还演示了 Behave 对 tag 的支持，以及通过表格形式的"例子（Examples）"将测试数据与步骤描述分开。

以下是 Behave 的中英文关键字对照，我们将在 feature 文件中使用中文描述。

```
behave --lang-help zh-CN
Translations for Chinese simplified / 简体中文
            And: 而且<
            Then: 那么<
Scenario Outline: 场景大纲
```

```
         But: 但是<
    Examples: 例子
  Background: 背景
       Given: 假如<
    Scenario: 场景
        When: 当<
     Feature: 功能
```

步骤

步骤01 新建文件夹，作为项目的根目录。按照以下项目文件结构继续创建文件和文件夹。

```
.
└── features
    ├── environment.py
    ├── query_leftTicket.feature
    └── steps
        └── query_leftTicket.py
```

步骤02 在 environment.py 中添加代码。通过 context 关键字，query_leftTicket.py 中的步骤将共享同一个 Driver。

```python
from selenium import webdriver

def before_all(context):
    context.driver = webdriver.Firefox()


def after_all(context):
    context.driver.quit()
```

步骤03 编辑 query_leftTicket.feature，描述"普通票查询""学生票查询"以及"车次查询"3 个场景。

```
# language:zh-CN

功能: 12306 余票查询
    通过各种组合条件查询车票信息

    @P0
    场景大纲: 指定日期查询普通车票
```

假如 访问余票查询页面
当 用户先输入<出发地>
而且 用户再输入<目的地>
而且 用户点击查询按钮
那么 页面显示车次信息

例子:文字
出发地	目的地
上海	武汉
上海	南昌

例子: 首字母
| 出发地 | 目的地 |
| SH | WH |

@P0
场景大纲: 指定日期查询学生票
假如 访问余票查询页面
当 用户先输入<出发地>
而且 用户再输入<目的地>
而且 用户点击查询学生票按钮
那么 页面显示车次信息

例子:文字
出发地	目的地
上海	武汉
上海	南昌

例子: 首字母
| 出发地 | 目的地 |
| SH | WH |

@P1 @heavyweight
场景: 指定车次乘车
假如 用户已查询到从上海到武汉的车次信息
当 用户输入车次号 D3026
那么 页面显示车次信息

步骤 04 编辑 query_leftTicket.py，这里使用 ActionChain 对文本框出发地、目的地进行输入操作。若直接用 find element 的 send keys 输入，则无法激活页面上"查询"按钮的事件。

```python
# -*- coding: utf-8 -*-

from selenium.webdriver.common.action_chains import ActionChains
from selenium.webdriver.common.keys import Keys
from behave import given, when, then
import time
import sys

reload(sys)
sys.setdefaultencoding("utf-8")


@given(u'访问余票查询页面')
def visit_left_ticket(context):
    context.driver.get("https://kyfw.12306.cn/otn/lcxxcx/init")


@when(u'用户先输入{from_station}')
def enter_from_station_name(context, from_station):
    from_station_element = context.driver.find_element_by_id('fromStationText')
    from_station_element.clear()
    ActionChains(context.driver).click(from_station_element).send_keys(from_station).perform()
    ActionChains(context.driver).click(from_station_element).send_keys(Keys.DOWN).perform()
    ActionChains(context.driver).click(from_station_element).send_keys(Keys.ENTER).perform()


@when(u'用户再输入{to_station}')
def enter_to_station_name(context, to_station):
    to_station_element = context.driver.find_element_by_id('toStationText')
    to_station_element.clear()
    ActionChains(context.driver).click(to_station_element).send_keys(to_station).perform()
    ActionChains(context.driver).click(to_station_element).send_keys(Keys.DOWN).perform()
    ActionChains(context.driver).click(to_station_element).send_keys(Keys.ENTER).perform()


@when(u'用户点击查询按钮')
def submit(context):
    context.driver.find_element_by_id('_a_search_btn1').click()
```

```
@when(u'用户点击查询学生票按钮')
def submit_stu(context):
    context.driver.find_element_by_id('_a_search_btn2').click()


@given(u'用户已查询到从{from_station}到{to_station}的车次信息')
def get_train_yet(context, from_station, to_station):
    context.execute_steps(u'''
        假如 访问余票查询页面
        当 用户先输入{0}
        而且 用户再输入{1}
        而且 用户点击查询按钮
        那么 页面显示车次信息
    '''.format(from_station, to_station))


@when(u'用户输入车次{train_no}')
def enter_train_no(context, train_no):
    train_no_element = context.driver.find_element_by_id('train_combo_box')
    # ActionChains(context.driver).click(train_no_element).send_keys(train_no).perform()
    train_no_element.send_keys(train_no)


@then(u'页面显示车次信息')
def appear_list(context):
    time.sleep(3)

    # 若没有弹出"没有符合条件的数据"的提示，则说明查询到了车次信息，列表中的子节点数目大于零
    result = context.driver.execute_script('''return $("div:contains('content_defaultwarningAlert_hearder')")''')
    if result.__len__() == 0:
        train_count = context.driver.execute_script('return document.getElementById("_query_table_datas").childNodes.length')
        assert train_count > 0
```

步骤 05 运行测试。如图 7-20 和图 7-21 所示，用"--lang"指定语言；"--tags"可以对场景进行过滤。

```
Zitengs-MacBook-Pro:ch07_behave_selenium applewu$ behave
功能：12306余票查询  # features/query_leftTicket.feature:3
  通过各种组合条件，查询车票信息
  @P0
    场景大纲: 指定日期查询普通车票 -- @1.1 文字   # features/query_leftTicket.feature:16
      假如 访问余票查询页面                        # features/steps/query_leftTicket.py:14 1.937s
      当 用户先输入上海                            # features/steps/query_leftTicket.py:19 0.659s
      而且 用户再输入武汉                          # features/steps/query_leftTicket.py:28 0.290s
      而且 用户点击查询按钮                        # features/steps/query_leftTicket.py:37 0.166s
      那么 页面显示车次信息                        # features/steps/query_leftTicket.py:63 3.052s

  @P0
    场景大纲: 指定日期查询普通车票 -- @1.2 文字   # features/query_leftTicket.feature:17
      假如 访问余票查询页面                        # features/steps/query_leftTicket.py:14 1.646s
      当 用户先输入上海                            # features/steps/query_leftTicket.py:19 0.398s
      而且 用户再输入南昌                          # features/steps/query_leftTicket.py:28 0.502s
      而且 用户点击查询按钮                        # features/steps/query_leftTicket.py:37 0.145s
      那么 页面显示车次信息                        # features/steps/query_leftTicket.py:63 3.058s

  @P0
    场景大纲: 指定日期查询普通车票 -- @2.1 首字母  # features/query_leftTicket.feature:21
      假如 访问余票查询页面                        # features/steps/query_leftTicket.py:14 1.011s
      当 用户先输入 SH                             # features/steps/query_leftTicket.py:19 0.338s
      而且 用户再输入 WH                           # features/steps/query_leftTicket.py:28 0.500s
      而且 用户点击查询按钮                        # features/steps/query_leftTicket.py:37 0.117s
      那么 页面显示车次信息                        # features/steps/query_leftTicket.py:63 3.054s

  @P0
    场景大纲: 指定日期查询学生票 -- @1.1 文字     # features/query_leftTicket.feature:33
      假如 访问余票查询页面                        # features/steps/query_leftTicket.py:14 0.725s
      当 用户先输入上海                            # features/steps/query_leftTicket.py:19 0.349s
      而且 用户再输入武汉                          # features/steps/query_leftTicket.py:28 0.717s
      而且 用户点击查询学生票按钮                  # features/steps/query_leftTicket.py:42 0.136s
      那么 页面显示车次信息                        # features/steps/query_leftTicket.py:63 3.055s

  @P0
    场景大纲: 指定日期查询学生票 -- @1.2 文字     # features/query_leftTicket.feature:34
      假如 访问余票查询页面                        # features/steps/query_leftTicket.py:14 1.501s
      当 用户先输入上海                            # features/steps/query_leftTicket.py:19 0.342s
      而且 用户再输入南昌                          # features/steps/query_leftTicket.py:28 0.348s
      而且 用户点击查询学生票按钮                  # features/steps/query_leftTicket.py:42 0.126s
      那么 页面显示车次信息                        # features/steps/query_leftTicket.py:63 3.063s

  @P0
    场景大纲: 指定日期查询学生票 -- @2.1 首字母   # features/query_leftTicket.feature:38
      假如 访问余票查询页面                        # features/steps/query_leftTicket.py:14 1.343s
      当 用户先输入 SH                             # features/steps/query_leftTicket.py:19 0.348s
      而且 用户再输入 WH                           # features/steps/query_leftTicket.py:28 0.331s
      而且 用户点击查询学生票按钮                  # features/steps/query_leftTicket.py:42 0.077s
      那么 页面显示车次信息                        # features/steps/query_leftTicket.py:63 3.062s

  @P1 @heavyweight
    场景: 指定车次乘车                             # features/query_leftTicket.feature:41
      假如 用户已查询到从上海到武汉的车次信息      # features/steps/query_leftTicket.py:47 4.594s
      当 用户输入车次号 D3086                      # features/steps/query_leftTicket.py:57 0.072s
      那么 页面显示车次信息                        # features/steps/query_leftTicket.py:63 3.057s

1 feature passed, 0 failed, 0 skipped
7 scenarios passed, 0 failed, 0 skipped
33 steps passed, 0 failed, 0 skipped, 0 undefined
Took 0m40.120s
```

图 7-20　behave 示例运行结果

```
Zitengs-MacBook-Pro:ch07_behave_selenium applewu$ behave --lang=zh-CN --tags=P1
功能: 12306余票查询 # features/query_leftTicket.feature:3
  通过各种组合条件，查询车票信息
  @P0
  场景大纲: 指定日期查询普通车票 -- @1.1 文字  # features/query_leftTicket.feature:16
    假如 访问余票查询页面                      # None
    当 用户先输入上海·                         # None
    而且 用户再输入武汉                        # None
    而且 用户点击查询按钮                      # None
    那么 页面显示车次信息                      # None

  @P0
  场景大纲: 指定日期查询普通车票 -- @1.2 文字  # features/query_leftTicket.feature:17
    假如 访问余票查询页面                      # None
    当 用户先输入上海                          # None
    而且 用户再输入南昌                        # None
    而且 用户点击查询按钮                      # None
    那么 页面显示车次信息                      # None

  @P0
  场景大纲: 指定日期查询普通车票 -- @2.1 首字母 # features/query_leftTicket.feature:21
    假如 访问余票查询页面                      # None
    当 用户先输入SH                            # None
    而且 用户再输入WH                          # None
    而且 用户点击查询按钮                      # None
    那么 页面显示车次信息                      # None

  @P0
  场景大纲: 指定日期查询学生票 -- @1.1 文字    # features/query_leftTicket.feature:33
    假如 访问余票查询页面                      # None
    当 用户先输入上海                          # None
    而且 用户再输入武汉                        # None
    而且 用户点击查询学生票按钮                # None
    那么 页面显示车次信息                      # None

  @P0
  场景大纲: 指定日期查询学生票 -- @1.2 文字    # features/query_leftTicket.feature:34
    假如 访问余票查询页面                      # None
    当 用户先输入上海                          # None
    而且 用户再输入南昌                        # None
    而且 用户点击查询学生票按钮                # None
    那么 页面显示车次信息                      # None

  @P0
  场景大纲: 指定日期查询学生票 -- @2.1 首字母  # features/query_leftTicket.feature:38
    假如 访问余票查询页面                      # None
    当 用户先输入SH                            # None
    而且 用户再输入WH                          # None
    而且 用户点击查询学生票按钮                # None
    那么 页面显示车次信息                      # None

  @P1 @heavyweight
  场景: 指定车次乘车                           # features/query_leftTicket.feature:41
    假如 用户已查询到从上海到武汉的车次信息    # features/steps/query_leftTicket.py:47 5.842s
    当 用户输入车次号D3026                     # features/steps/query_leftTicket.py:57 0.033s
    那么 页面显示车次信息                      # features/steps/query_leftTicket.py:63 3.069s

1 feature passed, 0 failed, 0 skipped
1 scenario passed, 0 failed, 6 skipped
3 steps passed, 0 failed, 30 skipped, 0 undefined
Took 0m8.944s
```

图 7-21　behave 示例运行结果：通过 tag 过滤

7.3 小　　结

2014 年，Ruby on Rails 的作者在 Railsconf 开幕演讲中对 TDD 的价值发表了质疑和否定的观点，从而引发了一场"TDD 已死"的讨论。对此，我很认同 Gil Zilberfeld 的观点："我们一直在实践中探寻更好的软件开发方法，身体力行的同时也帮助他人。探寻之路并未结束，TDD 只是我们在这一历程中所寻找到的其中一种方法，仍有其他的方式待我们发现。"其实这一观点也同样适用于 BDD，没有最好的开发方法，我们在追求最适合的。

本章我们对 BDD（行为驱动开发）相关的话题进行了讨论，涵盖了这一概念的由来、与 TDD 的关系、BDD 实施要点，以及工具选型等内容。并分别使用了 Java 和 Python 语言来演示 Selenium WebDriver 如何与 BDD 工具进行配合。

测试人员主动了解项目（产品）团队各个角色的协作方式，了解他们的思维习惯，并参与过程改进，对整体的质量交付大有裨益。

BDD 实施需要组织的支持，BDD 工具选型关键在于团队和业务发展。

以 cucumber 为例的 storyBDD 工具俨然成为 BDD 工具的主流类型。feature 文件可以作为验收文档来维护。脚本的执行结果中体现了详细的测试场景，可以作为验收报告。

7.4 练　　习

（1）采用 BDD 方式有哪些利与弊？
（2）思考：你所在的组织或项目中，有可能实施 BDD 吗？需要哪些资源配合？
（3）根据你熟悉的语言，选择某一种 BDD 工具，完成以下场景的测试脚本。

- 在"百度新闻"页面上搜索"自动化测试"。
- 点击按钮，将搜索结果根据时间排序。
- 验证结果，页面上位置靠前的文章发表时间大于位置靠后的文章发表时间。

第 8 章

Jenkins 的使用

一段测试代码，如果只能在某个人的本地环境执行，它的意义将大打折扣。因为大多数测试活动都是一项团体工作，不是某个人单打独斗的过程。当我们不再把自动化作为个人习惯，而是作为整个团队的工作方式时，我们就不仅仅需要关注测试工具或者框架本身，还需要引入一些其他的工具来支持和促进自动化测试过程，比如本章将要介绍的开源工具：Jenkins。

8.1 认识 Jenkins

Jenkins 的前身是 Sun 公司的 Hudson，之后因为 Sun 被 Oracle 收购，Oracle 获得 Hudson 商标所有权。于是，Hudson 核心成员在 2011 年 1 月更新项目名为 Jenkins，Oracle 公司则选择继续维护 Hudson。至此，Jenkins 与 Hudson 已经是相互独立的两个项目了。

提起 Jenkins，大多数资料都会提到"持续集成"（Continuous Integration，CI）"持续交付"和"持续部署"这些概念。诚然，如果产品团队中的各个角色都认可这些概念，并乐于在工作中实践，如图 8-1 所示，自然可以让 Jenkins 贯穿于构建、部署、自动化测试整个过程之中。然而，单从测试团队和自动化测试的角度出发，Jenkins 又能够帮助我们解决什么问题呢？ 在回答这个问题之前，我们不妨梳理一下自动化测试的基本过程。

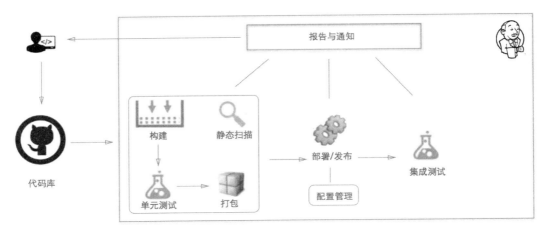

图 8-1　持续交付流水线

图 8-2 是最基本的自动化测试过程。由于团队的规模不同,差异最大之处会体现在"执行测试脚本"和"分析测试结果"上。团队大了,测试模块多了,测试脚本在本地执行还不够,可能需要分发到多个机器上执行;只记录测试结果还不够,还需要以友好的方式展现,方便多人访问;还需要管理历史记录,方便追溯。一方面,我们希望有统一的平台来对不同的测试项目和模块进行管理;另一方面,我们希望对团队的各个用户和角色进行权限控制。而 Jenkins 可以便捷地帮助我们解决这些问题。

图 8-2　自动化测试过程

图 8-3 来自 Jenkins 官方网站（https://jenkins.io/）,即 Jenkins 产品代码在 Jenkins 中的构建和自动化的使用情况。我们可以看到,Jenkins 是基于 Web 界面管理的,可以定制不同的项目任务、查看历史状态。右上角的 Log In 表明它具备登录功能,可以进行用户权限控制。

此时,我们对 Jenkins 已经有了第一印象。接下来,让我们在实践中了解 Jenkins 这一成熟的平台。需要特别说明的是,Jenkins 于 2016 年 4 月 20 日发布了 2.0 版本,与之前的版本在界面操作和配置细节上都有了不小的变化,本章也将从不同方面介绍 2.0 版本带来的新气象。

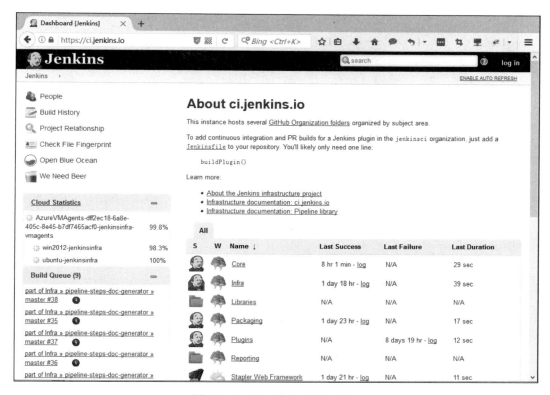

图 8-3　Jenkins Project In Jenkins

8.2　Jenkins 安装与启动

Jenkins 最简单的安装与启动方式是运行它的 war 包。

步骤 01　执行以下命令，下载最新的 Jenkins war 包，也可以访问 Jenkins 官方网站下载。

```
wget http://mirrors.jenkins-ci.org/war/latest/jenkins.war
```

步骤 02　运行 war 包。由于该 war 包自带 Jetty 服务器，因此只要运行以下命令，就可以启动 Jenkins。默认使用的端口是 8080。

```
java -jar jenkins.war
```

之后，你将在控制台中看到一个密码字符串，如图 8-4 所示，复制这个字符串。

图 8-4 Jenkins 安装过程截图

步骤 03 访问 http://<your_jenkins_machine>:8080/进入 Jenkins 界面，将上一步的密码复制到这里，如图 8-5 所示，进行后续的安装过程。

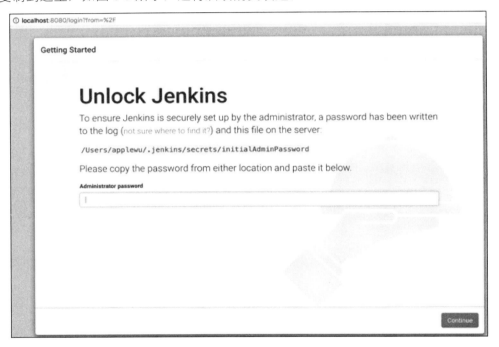

图 8-5 输入 Jenkins 管理员密码

步骤 04 在安装向导页面中可以选择两种方式，一种是安装默认插件，即 Jenkins 官方推荐的插件；另一种则是根据自己的需要来选择安装哪些插件。建议大家使用后者。如图 8-6 所示，默认情况下，源代码控制一栏中有 Git 和 SVN 两项。但是一般来说，我们只会用一种源代码版本管理工具，没有必要装一些无用的插件。Jenkins 的插件管理非常友好，在 Jenkins 部署启动之后，再在页面上安装或卸载插件也是非常方便的。

步骤 05 选择好插件以后，单击 Install 按钮，以完成插件安装。随后根据安装向导的指示完成后续操作，如图 8-6 所示。

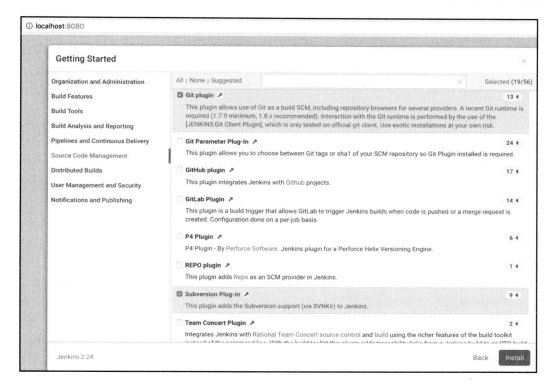

图 8-6　Jenkins 安装过程的插件选择界面

为了方便操作 Jenkins 的停止与启动，我们可以准备一个 shell 文件。代码如下，其中启动参数-Dhudson.model.DirectoryBrowserSupport.CSP 不是必需的，将在 8.3.3 小节中对其进行详细说明。

```
#!/bin/sh
if [ "$1" = "start" ];then
nohup java -Dhudson.model.DirectoryBrowserSupport.CSP= -jar /opt/jenkins.war --httpPort=8888 &
elif [ "$1" = "stop" ];then
kill `ps aux | grep jenkins | awk 'NR==1 {printf $2}'`
else
echo "Please input like this:./jenkins.sh start or ./jenkins.sh stop"
fi
```

除了使用终端命令来控制 Jenkins 的启动状态外，还有一个重启 Jenkins 的便捷方法，即在 Jenkins 的 URL 后加上"/restart"，例如 http://localhost:8080/restart，页面将会出现是否要重启 Jenkins 的提示。单击"确认"按钮之后，Jenkins 将立即重启。

8.3 任务定制化

Jenkins 的使用场景有很多，比如说，我们可以创建一个任务，每天定时同步 Git 服务器上最新的测试代码，在 Jenkins 服务器上执行，生成报告。我们还可以创建一个任务来监测 Git 服务器，一旦有人提交代码，就自动编译打包。总之，Jenkins 作为一个平台，让不同语言类型、不同项目的自动化编译、部署的操作变得简单高效，而使用 Jenkins 的关键就在于如何配置我们需要的自动化任务，即配置 Item 或 Job。

1. 创建 Item/Job

上文提到的自动化任务在 Jenkins 中可称为 Item 或者 Job。在 2.0 版本之前，界面上选择 New Item（新建），如图 8-7 所示，你会看到多种项目类型可供选择，这可能造成新手的困惑，不知道哪个更适合自己。2.0 版本之后的界面就清爽多了，如图 8-8 所示。本节以自由风格的项目为例，我们命名为 test。

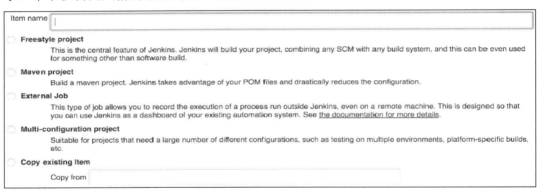

图 8-7 2.0 版本之前的 Item 类型

2. 配置

每个 Item/Job 又细分为"General""源码管理""构建触发器""构建""构建后操作"这几类配置。它们在 2.0 版本后以标签页的方式显示，如图 8-9 所示，比之前的方式要清晰得多。

图 8-8　2.0 版本之后的 Item 类型

图 8-9　Item/Job 配置界面

接下来要做的就是具体的配置内容了，要根据项目情况而定。我们对源码构建和执行的过程了解得越透彻，Jenkins Item/Job 的配置就将越顺利。如果你想使用 MS Build 编译一个 C#项目，而你在本地环境都不懂得如何使用 MS Build 编译，那么 Jenkins 无法帮你解决问题。

下文介绍的"同步源码""定时任务"和"报告"的方式权且当作管中窥豹之用吧。

8.3.1 同步源码

Git 插件安装完成之后，可以看到源码管理（Source Code Management）中存在 Git 选项，如图 8-10 所示。

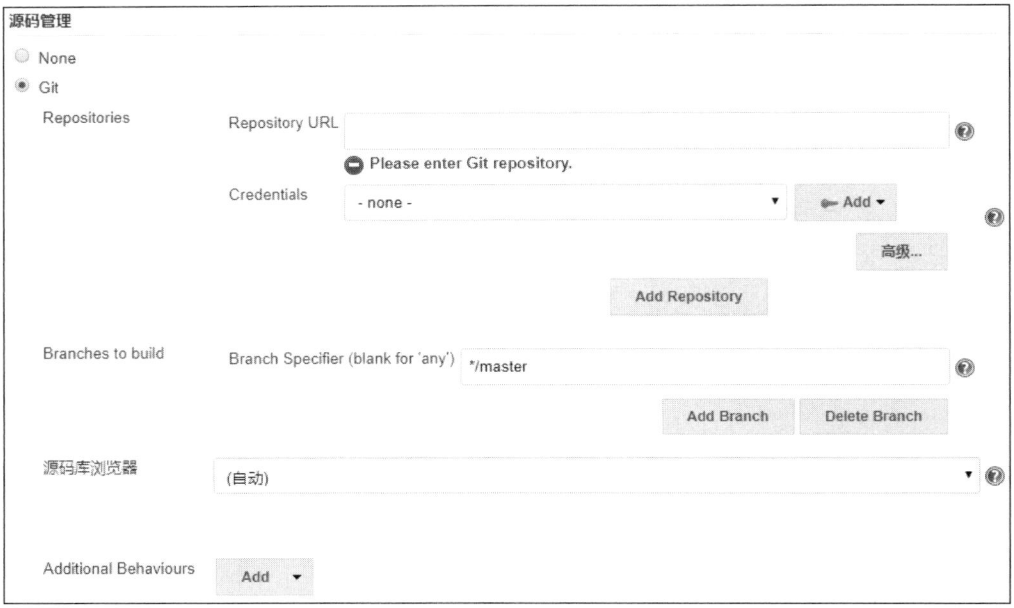

图 8-10 配置 Git

Credentials 中需要配置有权限访问该源码库的用户名和密码。

如果输入 URL 之后出现 403 错误：Problem accessing /job/<your_job_name>/descriptorByName/Hudson.plugins.git.UserRemoteConfig/checkUrl. Reason: Forbidden，可能是 Credential 不正确。

配置完成之后，在该 Job 页面单击"立即构建"，就会将指定源码库指定分支的内容同步到 Jenkins 服务器上。默认路径是 *<current_user>*/.jenkins/jobs/*<your_job_name>*/workspace。

8.3.2 定时任务

在 Jenkins 中设置定时任务会涉及两类配置项：Build Triggers（构建触发器）和 Build（构建）。

Build Triggers 提供了 4 种 Job 触发方式：

- Trigger builds remotely　设置远程触发进行构建。
- Build after other projects are built　在其他项目构建之后再进行构建。
- Build periodically　定期或周期性构建。
- Poll SCM　查询源码库中是否有变更，从而进行定期或周期性构建。

最常见的是第 4 种方式。在 Build Triggers→Poll SCM 中填写 Schedule（日程表）的语法，与 UNIX 和类 UNIX 操作系统中的 crontab 命令类似。格式如下：

```
# ┌─────────── 分钟 (0 - 59)
# │ ┌───────── 小时 (0 - 23)
# │ │ ┌─────── 日 (1 - 31)
# │ │ │ ┌───── 月 (1 - 12)
# │ │ │ │ ┌─── 星期 (0 – 7，星期日为 0 或 7)
# │ │ │ │ │
# * * * * *
```

例如，0 08 * * * 表示每天早上 8 点运行；0 0 * * 1-5 表示每周一至五的零点零分运行。

Build 的设置方式有很多，大多编译工具都有 Jenkins 插件支持，也可以直接用 Shell 命令执行，即 Execute Shell 选项。比如说，我们选择 Maven 编译运行一个 Java 编写的测试项目。其实在 Jenkins 服务器上，直接用终端命令就可以执行了。我们通过 Jenkins 变量${WORKSPACE}定位到当前 Job 的 workspace 路径，再使用 Maven 命令运行 JUnit 项目。

```
cd ${WORKSPACE}
mvn test -Denv=pingxx
```

如果 Maven 命令在 Jenkins 服务器上执行无误，在 Jenkins 界面上触发运行却出现了问题，那么可以在 Execute Shell 中增加一些额外的命令，让 Jenkins 在运行 Maven 命令之前就打印出环境变量、路径之类的信息，或者刷新环境变量的配置文件，如 source /etc/profile 命令等，以便排查问题。

Jenkins 除了可以在自身服务器上构建 Job 之外，也支持 Master/Slave 方式，把其他机器作为子节点来构建 Job。Job 构建之后，我们可以在 Console Output 中看到详细的日志，便于出错排查。

8.3.3　报告

Jenkins 有丰富的插件库，可以显示各种类型的报告，生成趋势图。下面以 JUnit 的测试报告和 Selenium WebDriver 脚本生成的 HTML 报告为例进行介绍。

1. Publish JUnit test result report

Jenkins 会默认安装 JUnit 插件,并且在"插件管理"→"已安装"界面中无法卸载。这说明只要 Jenkins 启动完毕,我们就可以在"构建后操作"中看到 Publish JUnit test result report 选项了。它包含以下参数:

- Test report XMLs 指定生成的 XML 文件。例如,reports/TEST-*.xml 表明在该 Job 的 workspace 下的 reports 目录中生成的 "TEST-" 为首的 XML 文件。
- Health report amplification factor 健康报告放大因子。常规情况下,1% 失败的用例数体现出来的是健康程度 99%。如果设定了放大因子,就会按照公式计算:100.0 * Math.max(0.0, 1.0 -(放大因子×失败用例数)/用例总数)。如果不想使用放大因子,将数值置为 1 即可。

配置完成后,Job 构建生成的 JUnit 报告效果如图 8-11 所示。

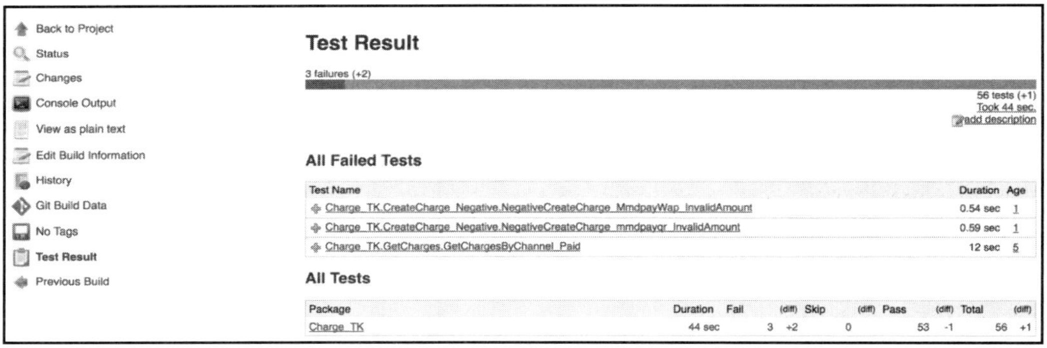

图 8-11 JUnit 展示效果

2. Publish HTML Reports

安装 HTML Publisher Plugin 插件之后,在"构建后操作"中就可以看到 Publish HTML Reports 选项了。它包含以下参数:

- HTML directory to archive HTML Reports 生成目录相对于 workspace 的路径。
- Index page[s] HTML Reports 目录中的某个文件。
- Report title 报告名称。

如图 8-12 所示,配置完成之后,在 Jenkins Job 首页可以看到新增了一个菜单项,用于查看已生成的 HTML Report。在 HTML Report 页面可以看到详细的测试用例的执行结果,如图 8-13 所示。

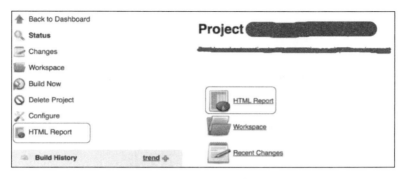

图 8-12　HTML 报告出现在 Job 界面

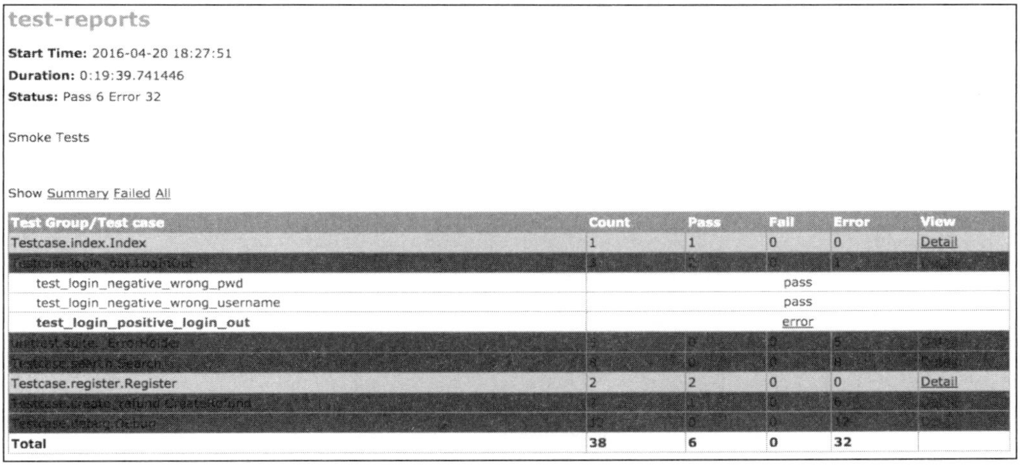

图 8-13　HTML 报告展示效果

如果 HTML Report 页面上只显示了数据，样式文件报错：Refused to apply inline style because it violates the following Content Security Policy directive: "style-src 'self'". Either the 'unsafe-inline' keyword, a hash('sha256-g7r3cM4CQPc+gXmbXQP6nI4lM5bzURt1ig7YvFqXI70='), or a nonce ('nonce-...') is required to enable inline execution，这是 Jenkins 的 CSP 安全策略导致的。CSP 配置明确地告诉浏览器 style-src 'self'，说明不允许外部资源加载和执行。CSP 类似于提供了访问资源的白名单，不符合的资源会被阻止加载。

因此，为了避免 HTML Report 加载时报错，我们需要调整 Jenkins 的 CSP 配置。我们可以在启动 Jenkins 时，将 hudson.model.DirectoryBrowserSupport.CSP 配置为空字符串；也可以通过 Jenkins Script Console 的方式，将 hudson.model.DirectoryBrowserSupport.CSP 配置为允许加载任意外部资源，代码如下：

System.setProperty("hudson.model.DirectoryBrowserSupport.CSP", "sandbox; default-src 'self'; img-src '*'; style-src '*' 'unsafe-inline';")

CSP 配置调整之后，网页的安全性降低了，攻击者有可能在发现漏洞之后注入脚本。对此，我们需要加强用户权限控制，让 Jenkins 服务器仅能在公司域内访问，提高 Jenkins 的安全性。

8.4 用户与权限

在 2.0 版本之前，Jenkins 默认不会进行用户权限控制，任何人无须登录就可以进行 Jenkins 设置，更改 Job 配置和启动 build 等操作。而在 2.0 版本之后，正如 8.2 小节图 8-4 Jenkins 安装过程的提示信息中显示，Jenkins 会在安装过程中创建 admin 用户。

如图 8-14 所示，在 Manage Jenkins→Configure Global Security 中，我们可以勾选"允许用户注册"，并通过"项目矩阵授权策略"新建用户/组，单独配置权限。如果授权给一个未注册的用户，那么该用户名上会显示删除线。而当该用户注册之后，之前的授权配置就会生效，此页面上的删除线会消失。

图 8-14 设置 admin

如果误将 admin 用户设置为无权限，当前没有可用账户来更新 Jenkins 安全配置，我们可以直接更新 Jenkins 服务器上的配置文件，即 .jenkins 目录中的 config.xml。将

useSecurity 的值设置为 false，并将 authorizationStrategy 节点注释。重启 Jenkins 之后，即可在 Jenkins 页面上进行安全配置。

8.5 小　　结

对于变幻莫测的业务市场、日新月异的技术领域而言，时间是当今最稀缺的资源。人人都希望可以提高版本迭代的效率，因此有关持续集成与 DevOps 之类的话题得到了越来越多的关注。测试人员在不少公司，尤其是小型创业团队，被当作质量"守门人"，要想在快速迭代的过程中保证质量，自动化测试的成熟度也需要不断地迭代。

持续集成涉及的工具链、流程规范、团队协作实践等都已经有了不少比较成熟的方法论。篇幅有限，本章仅从自动化测试的角度出发，介绍源码（测试脚本）同步、触发定时任务、报告生成等操作。

8.6 练　　习

（1）下载并部署 Jenkins。

（2）在 Jenkins 上创建 Job，将前几章的练手程序配置到 Jenkins 上（可以在构建步骤中选择执行 Shell，例如 python hello.py）。

（3）保存 Job 配置，单击按钮进行构建，观察控制台日志。

进入 Jenkins 插件管理页面，安装 Selenium 与 Selenium Grid 插件。安装完成之后，Jenkins 服务器就会成为 Hub 角色，可支持分布式执行 Selenium WebDriver 脚本。对于 Selenium Grid 的 Hub 与 Node 的介绍，读者可以参考第 2 章 2.5 小节。

参 考 资 料

[1] David Burns. Selenium 2 Testing Tools: Beginner's Guide, 2012

[2] Manoj Hans. Appium-Essentials, 2015

[3] Simon Stewart. Selenium WebDriver
网址：http://www.aosabook.org/en/selenium.html, 2010

[4] Jeremy Keith. The Design of HTML5 网址：http://adactio.com/articles/1704/, 2010

[5] Alexis Goldstein. A Better Cookie: HTML5 and Web Storage
网址：https://www.sitepoint.com/a-better-cookie-html5-and-web-storage/, 2011

[6] Dan North. Introducing BDD
网址：https://dannorth.net/introducing-bdd/, 2006

[7] Stephan Versteegh. Behavior Driven Development with Jasmine
网址：https://blogs.infosupport.com/behavior-driven-development-with-jasmine/, 2014

[8] Gil Zilberfeld. Tdd is dead lets kill messenger instead
网址：http://www.gilzilberfeld.com/2014/04/tdd-is-dead-lets-kill-messenger-instead.html, 2014

[9] Jan Stenberg. BDD Tool Cucumber is Not a Testing Tool
网址：https://www.infoq.com/news/2015/03/bdd-cucumber-testing, 2015

[10] Nickolay Kolesnik. _BDD engines comparison (Cucumber, Freshen, JBehave, NBehave, SpecFlow, Behat)
网址：http://mkolisnyk.blogspot.jp/2012/06/gherkin-bdd-engines-comparison.html, 2012

[11] 芈崏. Appium 中文输入问题的一些探索
网址：http://houlianpi.github.io/blog/appium-chinese-input.html, 2014

[12] Mike West. An Introduction to Content Security Policy
网址：http://www.html5rocks.com/en/tutorials/security/content-security-policy/, 2012

[13] Sam Gleske. Jenkins Script Console
网址：https://wiki.jenkins-ci.org/display/JENKINS/Jenkins+Script+Console, 2016

[14] R. Tyler Croy. Jenkins 2.0
网址：https://wiki.jenkins-ci.org/display/JENKINS/Jenkins+2.0, 2016
　　　https://issues.jenkins-ci.org/browse/JENKINS-25573